逆向人生計畫

以終為始，
寫下無憾人生的最實用工具

LIVING FORWARD

A PROVEN PLAN TO STOP DRIFTING AND GET THE LIFE YOU WANT

MICHAEL HYATT & DANIEL HARKAVY

麥可・海亞特、丹尼爾・哈克維 著
蕭季瑄 譯

獻給我們美麗的妻子，蓋兒及雪莉，還有我們超棒的孩子們！

你們為我們的生活帶來愛、冒險與實際的陪伴。

目次

第二部　打造計畫

善用人生評估四象限，建立專屬人生帳戶。存錢也存回憶，活出不留遺憾的人生。

第三部 計畫成真

學習分配資源，做好取捨，讓計畫動起來。
在領導自己的同時，也引領他人。

各界名人推薦

「成功並非偶然。海亞特和哈克維告訴你如何發展並運用人生計畫，讓你過上你渴望，也應得的人生。」

——東尼・羅賓斯（Tony Robbins），勵志演說家

「我們總是一而再地面對生活各種挑戰。若你的生活充滿困惑，這本書來得正是時候。」

——賽斯・高汀（Seth Godin），行銷大師

「這本書提供聰明又有邏輯的方法，就算只採納其中一點簡單又實用的建議，你的人生會因此大不同！」

——大衛・艾倫（David Allen），《搞定！》（*Getting Things Done*）作者

「這本書之所以特別，是因為作者不只是提供了一套生活公式，他們教導讀者分配時間，如何建立並完成自己的計畫。」

——夏琳・強森（Chalene Johnson），體適能專家

「二十年來，我不斷研究成功人士的生活，了解所謂的成功，計畫即為一切的根本。麥可和丹尼爾告訴我們如何為生活做一套計畫，讓計畫帶領我們邁向成功之路。」

——戴倫・哈迪（Darren Hardy），《成功》（*Success*）雜誌總編輯

「非常實用又必備的一本指南，適合在生活中飄飄蕩蕩的每個人，思考自己的人生該怎麼走。這本書帶給我太多幫助了。」

——派翠克・藍西歐尼（Patrick Lencioni），《對手偷不走的優勢》（*The Advantage*）作者

「這本書絕對是必備良藥！充滿各種省思與啟示，你會豁然開朗，重新洗牌並分配

自己的時間。」

——大衛・藍西（Dave Ramsey），作家、主持人、Ramsey Solutions 創辦人

「你可以計畫性地追求生活的真諦，也可以漫無目的流連在無關緊要的事物上。這本書教你如何學會前者，避免後者。」

——葛雷格・麥基昂（Greg Mckeown），《少，但是更好》（*Essentialism*）作者

「很多人都知道，生活需要一個計畫，但很少人知道該如何建立一套計畫。現在我們可都知道了！」

——約翰・麥斯威爾（John C. Maxwell），領導力專家

「這不僅是一本書，也是人生的指引，幫助你從現在走向燦爛的目標。」

——強・高登（Jon Gordon），暢銷作家與演講家

「麥可和丹尼爾教了我們太多太多。期待自己讀完這本書，可以從他們身上學到生

活的力量。」

——麥可斯・盧卡多（Max Lucado），暢銷作家、牧師

「所謂成功人士，不僅工作如魚得水，連生活都過得萬分精采。這並非只是運氣或者努力就可以的。你需要毅力，也需要清楚知道未來的方向。這本書告訴你如何打造屬於自己的生活，學習如何過好生活。」

——傑夫・沃克（Jeff Walker），《一週賺進300萬！》（*Launch*）作者

「很少人能像這兩位作者一樣，在生活中完成這麼多事，同時又享受這些成果。這是我想要達成的目標！」

——唐納德・米勒（Donald Miller），StoryBrand創辦人兼執行長

「在毫無計畫之下，你會開公司、蓋大樓或者去打一場仗嗎？那為什麼我們不為自己的生活好好打造計畫呢？這本書提供非常有說服力又有效的計畫範例，讓你邁向成功，享受你應得的人生！」

——鮑柏．高夫（Bob Goff），律師、暢銷作家、The Oaks經營者

「你只需要採納這本書中百分之十的建議，人生因此大而不同。」

——克里斯．古利博（Chris Guillebeau），作家、企業家

「你會在這本書中學到，訂定計畫和目標是成功唯一的方法。麥可和丹尼爾獨到的見解與想法，教你如何付諸行動，這才是最重要的事。」

——克里斯．博根（Chris Brogan），Media集團執行長

「促使改變的最大推力，就是簡化。我非常喜歡麥可和丹尼爾，他們把生活變得好簡單。這本書教我們用心生活，向前邁進。」

——亨利．克勞德博士（Dr. Henry Cloud），臨床心理學家《他人的力量》（*The Power of the Other*）作者

「聰明又有行動力的想法，讓我們不再整天做夢，而是追求上帝為我們打造的美好

生活。」

——麗莎・特可斯特（Lysa Terkeurst），《與情緒和解》（*Unglued*）作者

「要成功，就要先有計畫。麥可和丹尼爾提醒我們該如何計畫，才能過你想要的生活。」

——方恩・韋佛（Fawn Weaver），Uncle Nearest Premium Whiskey 創辦人

「真正的美國夢，是活得有目的、有意義，身心無比充實。這本書讓你從『我希望』，轉變為『我做到』。」

——丹・米勒（Dan Miller），《48天找到你愛的工作》（*48 Days to the Work You Love*）作者

「如果我能搭乘時光機，我希望回到我二十二歲的那年，送當時的我這本書。拜託他好好讀完，我敢保證，他一定會把這本書的一切付諸實現！」

——瓊・阿克夫（Jon Acuff），《開始》（*Start*）作者

「不必再為了生活而忙得暈頭轉向，卻徒勞無功。這本書會是你生活上實用的工具，一步步告訴你生活該往哪裡前進！」

——克莉絲朵．潘恩（Crystal Paine），Money Saving Mom 創辦人

「麥可和丹尼爾，為我們在這充滿不確定的黑暗世界裡，設立了目標，他們點亮了目標，清楚告訴你方向，成功就在前方！」

——安迪．安德魯（Andy Andrews），《七個禮物》（*The Traveler's Gift*）作者

「我這一生都在計畫，但這本書的方法顛覆了我原來的計畫，專注於此時此刻的同時，我也能學著放眼未來。謝謝麥可和丹尼爾，這本書非常有趣又精采！」

——史帝夫．亞特伯恩（Steve Arterburn），《告別傷痛》（*Healing Is A Choice*）作者

「我說一下大家心中的疑慮：這作者真的有做到他所說的嗎？多年來我親眼見證兩位作者確實做到了。他們絕對有資格教導我們，我們真的太幸運了。」

——約翰．艾杰奇（John Eldredge），知名講師、作家

「每個人的人生故事結局皆不同。祝福那些成功達成目標的你們！我強烈推薦這本書，你的成功在不遠處了。」

——安迪．史坦利（Andy Stanley），《無憾過一生》（*The Best Question Ever*）作者

「人生苦短，不能過得毫無意義。在這本書裡，麥可和丹尼爾教我們如何創造有意義的生活計畫，過著我們渴望的生活。」

——派特．芬林（Pat Flynn），Smart Passive Income 創辦人

「生活要來個重大的改變，其實不容易，但若你有了全盤計畫，那就簡單多了。我想不到有誰可以比麥可和丹尼爾，更適合教導我們如何計畫人生。」

——艾麗森．凡斯福特（Allison Vesterfelt），作家、寫作教練

「麥可和丹尼爾教你如何不再畫地自限，這本書絕對讓你過得精采非凡。」

——路易斯．豪斯（Lewis Howes），《卓越心態》（*The Greatness Mindset*）作者

「我一直對於人生計畫抱持懷疑態度，但這本書顛覆我的想法。這本書輕鬆簡單告訴我們，如何打造最適合自己的人生計畫。」

——傑夫．高恩（Jeff Goins），暢銷作家

「獨特的見解，讓你追求並實現你的夢想。」

——喬許．艾克斯博士（Dr. Josh Axe），暢銷醫師作家

「你是不是為了生存而生活，而非好好地生活？若是，你該做些改變了。這本書引導你走向你想去的地方，告訴你，放輕鬆。」

——麥可．史特茲納（Michael Stelzner），Social Media Examiner 執行長

「沒有計畫，你會過得漫遊目的，浪遊四方。這本書從第一章就直接告訴你生活該是什麼模樣，如何追求並享受你要的人生。」

——約翰．杜摩斯（John Lee Dumas），Entrepreneur on Fire 主持人

「仔細閱讀這本書的每一頁，麥可和丹尼爾一步步帶領你，要做自己人生的駕駛員，帶領自己飛向目標，擬訂計畫，確實執行，你會過得比想像中更美好。」

——克里斯．達克（Chris Ducker），作家、Virtual Staff Finder 經營者

「無論現在的你身在何處，這本書可成為人生的明燈，照亮未來璀璨的人生。」

——掃娜．尼奎斯特（Shauna Niequist），自我成長作家

「若你每天都在盼著如何更接近自己的夢想，這本書已經為你介紹最簡單的方法，讓你過得不枉此生！」

——羅伯特．史密斯（Robert D. Smith），美國傳奇經紀人

「生活總是提不起勁，身心漂泊、隨波逐流。麥可和丹尼爾的這本著作，為你揭開追求美好生活的訣竅，打造一個值得你付諸實現的人生計畫。」

——安德魯．華納（Andrew Warner），Mixergy.Com 創辦人

「這本書用字淺顯易懂，篇幅不長，富含的意義卻很深遠。你可以在一天之內，擬好一份影響你一輩子的人生計畫。」

——雷・艾德伍茲（Ray Edwards），Rayedwards.Com 創辦人兼發行人

「工作非常忙碌的我，正尋找簡單又實用的方法，來完成我的夢想，好險有這樣一本書！感謝麥可和丹尼爾！」

——艾咪・波特菲爾德（Amy Porterfield），The Profit Lab 創辦人

「作者麥可真的太吸引人了！雖然我和他並非同業，但是他所有的方法非常受用。你說他在這本書中提到了人生計畫？毫無疑問，太實用了！」

——傑瑞米・寇沃特（Jeremy Cowart），Seeuniversity.Com 創辦人

「我遵照了這本書的建議，現在我成為了一位賢慧的太太和媽媽，同時也是乖女兒、貼心的朋友、細心的工作夥伴。我由衷感謝這本書的出現，讓我在踏入社會初期，就能從中獲得許多寶貴的建議。」

——艾咪・海特（Amy Hiett），The Table Group總經理

「這本書絕對是必讀作品。丹尼爾告訴我們如何好好計畫人生，他幫助了許多人，過著他們嚮往的生活。」

——傑瑞・貝克（Jerry Baker），第一田納西銀行前執行長

「漫無目的，得過且過，是多麼可悲的一件事。這本實用的書讓你決心開始邁向充滿意義的未來，不會迷失自我的未來。」

——榮恩・布魯（Ron Blue），Ronald Blue創辦人

「很多人總是漫不經心活著，浪費珍貴的人生。沒有勇敢去打造人生的燦爛。好在有麥可和丹尼爾，想出這麼實用的人生計畫，讓我們從此過得多采多姿。」

——丹・凱西（Dan T. Cathy），Chick-Fil-A.總裁兼營運長

「埋頭忙碌的我們，一定知道怎麼計畫眼前的工作，卻不知道怎麼計畫自己的人

生。丹尼爾和麥可傳授的方法，告訴我們人生該是什麼模樣，擬訂計畫，好好遵照計畫過生活！」

——多明尼克・佛尼爾（Dominique Fournier），Infineum International Limited前執行長

「這本書是智慧百寶箱，讓我們過著長久以來嚮往的智慧人生。」

——特瑞佛・葛瑞福（Trevor Graves），Nemo Design創辦人

「值得一讀的好書，提供簡單實用的技巧，讓我找到我人生的目標，就連我的家人、同事和朋友也一同受惠！」

——馬克・雷爾德（Marc Laird），Cornerstone Home Lending貸款公司總裁與執行長

「在這本書出現之前，許多人常花大把鈔票，找到方法來幫助自己實現夢想。丹尼爾和麥可將其中智慧匯集成一本書，讓任何人都能學習這珍貴的智慧。」

——柯瑞・曼哈非（Cory Mahaffey），西北相互保險公司管理人

「這本書適用於任何人，無論你是企業高級主管，或者大學畢業的新鮮人。這本書每一頁蘊藏著寶貴的人生智慧與經驗。」

——大衛．普利查德（David Prichard），OCLC總裁及執行長

「幾年前我就採用了丹尼爾和麥可傳承的經驗方法，果然人生變得就此不同，這絕對顛覆我們本來認為的人生計畫！」

——陶德．薩爾曼（Todd Salmans），Prime Lending執行長

「我們就只能活著這麼一次，人生應該活得充實，樂觀進取。丹尼爾和麥可的建議絕對實際。讓你脫胎換骨，獲得嶄新的人生！」

——馬丁．惠爾（Martin Whalen），Essilor Us副總裁

「這本書其中許多段落，我都非常喜歡：哲學思考（思考自己人生的目標）、經營生活（如何開始經營人生）、擬定策略（建立一份人生計畫）、付諸實行（如何一步步向前邁進）。」

——馬丁．道恩（Martin Daum），卡車北美公司總裁及執行長

「這書好比人生導師，探索並看清上天給予我們的人生，絕對是課堂必讀。」

——克里斯多福．麥可拉斯基（Christopher McCluskey），Christian Life Coaching創辦人

前言
開啟人生導航

邁向目的地的第一步，首先要決定自己不會停在原地。

——J．P．摩根（J. P. Morgan），美國金融家

在一個美好的七月早晨，我（麥可）正在科羅拉多落磯山脈的深林中健行。小徑沿著潺潺的溪水延伸而出。野花盛開，空氣中瀰漫著松樹、棉白楊和肥沃土壤的芬芳。氣溫是涼爽的華氏六十四度，長途健行的完美溫度。抵達了第一個里程碑（小溪上一座我熟悉的步行橋）之後，我駐足欣賞眼前的一切，完全沉迷在這段經歷。

我接著沿第二座步行橋橫跨小溪，隨後踏上小徑走遠。接下來又是一段十分鐘路程的陡峭上坡，帶領我來到一條幾乎是垂直上升的乾涸河床邊。彼時我已經有點氣喘吁吁，便決定今天走得夠遠了，喝了些水後就開始往回走。

穿過小溪上頭的第二座步行橋後，我繼續沿著同一條下坡小徑前行——我以為是同一條。奇怪的是，我聽不到溪流聲了，眼前的森林比記憶中的更黑暗，也更濃密。花了一點時間後，我才突然意識到自己徹底迷失在了這段旅程中。我是真的迷路了！路途中某個地方我轉錯了方向，最後踏上了另一條道路。

好在我用了一款iPhone的運動應用程式，可以追蹤走過的路。我拿出手機，祈禱能收到訊號。有了，滿格！我走過的路顯示在地圖上，讓我看見起點，以及沿路的每個轉彎，包括走錯的路口。不到十分鐘，我就回到正確的小路上了。

設計人生導航

山林健行是一回事，日常生活又是另一回事。若你發現自己偏離了軌道，可不能打開一個人生定位應用程式。但假如可以呢？

每當說到「人生計畫」這個詞，大家都懂。不論是在演講、訓練課程、部落格文章，或是休閒談話中討論，幾乎所有人都能理解這個概念的價值，就算這些人根本沒真正思考過。

- 也許是因為他們環顧四周，看到身邊也有很多不快樂、卻不知為何走到這地步的人。
- 也許是因為在內心深處，他們知道自己的生活漂無定所，沒有明確方向。
- 也許是因為人生比他們想得更複雜，他們知道自己需要地圖。
- 也許是因為人生不符合他們的期望，而他們已經準備好讓事情回歸正軌。
- 也許是因為他們已經四、五十或六十歲了，無法相信時光如此匆匆流逝。
- 也許是因為他們此時的人生很美好，但也意識到時間有限，想確保自己能活得更精采。

若你屬於上述其中一群，那麼你選對書了。人生計畫正是實現夢想人生的應用程式。少了計畫，你很可能會前往意料之外的目的地：婚姻不幸福、事業不順利、健康狀況不佳，或以上皆是。

大多數人都能了解「計畫」這件事的智慧。我們可能會規畫下一年的旅行、孩子的大學教育或自己的退休生活，可是出於某些奇怪的原因，我們從未想過計畫自己的人生。我們兩個一開始也沒想到，但後來，我們看見了自身缺少的東西。

危機，就是轉機

二十歲時，我（丹尼爾）進入了信貸產業。我在二十三歲就升到管理階層，接下來幾年內，公司的分公司從八間增加到十七間。我勤奮努力地工作，藉此吸引並培養一支常勝團隊，使我們迅速成為表現最優秀的分公司。

二十八歲時，我就當上所有分公司的副總裁。我監督了加州、奧勒岡州、華盛頓州和內華達州的兩百名貸款經紀人與幹部，而事情就是這時候開始變得棘手。

這間公司的執行長是我的良師益友，他表示希望交棒給我。公司在前一年上市，前景一片光明。我當時的所得遠遠超出了當初的財務目標，想不到還有什麼比這更好的職涯計畫。

然而，我的內心感覺有事情不對勁。以大多數的標準來看，這一行的許多同業都很富有，但其中很多人為成功付出了慘痛代價。有些人離婚了，或者撐在不幸福的婚姻裡。有些人跟孩子感情不好，最終陷入麻煩。有些人每天都少不了雞尾酒或藥物。很少有人對自己身心健康做投資，我觀察許多快節奏的產業，也看見了同樣的趨勢。

到了這個人生階段（結婚並生養三個小孩），我看出我的人生正走在錯誤的道路上。這些人在他們人生的某些領域（金錢）中非常成功，但在最重要的領域卻破產了。我不是在評斷，但我不喜歡這種現象，而我知道必須做出重大改變，才能為譜寫出不同的故事。我對自己走的道路，努力思考了許久，並且改變了成功的定義。從前能激勵我的事物，漸漸變得缺乏吸引力。我不再關心收入、財產或頭銜。我想要更多，但不確定是更多什麼，所以我離職了。在某些人眼中，這毫無道理，但對我來說完全合理。

我決定休假一年，其間我探索了之後投入的行業，並決定創辦一家商業教練公司，也就是現在的創造勝利公司（Building Champions, Inc.）。這也是我初次接觸「人生計畫」的概念。我認識了作家暨銷售指導顧問托德．鄧肯（Todd Duncan），他在我草創期提供了諸多幫助，而人生計畫也是他的培訓課程的一部分。

休假那一年，我訂定了我的第一份人生計畫，後來創造了一項工具，即本書的基礎。我們相信，自我領導總是比團隊領導更重要，所以在討論業務和領導力發展之前，我們會先為客戶打造人生計畫。多年下來，這樣的人生計畫已幫助了數千人。

人生計畫對我自己也有偌大助益。在我發現、實行這些過程二十多年以後，我不僅避免步上某些同事的後塵，而且能根據最重要的事來安排我的人生。

麥可的故事大同小異。

成功的代價

二〇〇〇年七月，湯瑪斯．尼爾森出版集團（Thomas Nelson Publishers）旗下品牌尼爾森出版社（Nelson Books）的發行人突然請辭。我（麥可）受託接任，開始負責這項事業。我知道公司狀態很糟，但還不知道確切數字。結果顯示，尼爾森出版社是集團內十四家公司中獲利墊底的。

接下來的十八個月，我把心力全都花在扭轉公司的劣勢。我馬不停蹄，跟團隊加班到深夜無數次。接下來，我們從最不賺錢的公司，躍升為最賺錢的。我再次升遷，職責也跟著變多了。

然而，成功開始捎來代價。隨著工作量增加，運動量變少，還吃下越來越多垃圾食物，體重逐漸飆升。我備感壓力，最後因為以為自己有心臟病而進了急診室。好險心臟沒事——只是嚴重的胃食道逆流。但這件事把我嚇壞了，於是開始審視問題。才意識到，我雖然有計畫自己的職涯，卻沒有規畫人生。要是再不改變，我遲早會筋疲力盡而崩潰，甚至有更嚴重的後果。

透過朋友推薦，我聘請丹尼爾當我的指導教練。他鼓勵我說：「人生不必這樣過。」人可以在身心平衡的狀態下，達成目標。為了實現這點，他幫助我制定了一份「人生計畫」。這是我第一次有系統地思考，在工作以外的重要領域中，希望實現哪些成果。數個月來頭一遭，我開始燃起了希望。

丹尼爾事先警告我：「這並不能讓你免於人生的逆境和意外的變故，但能幫助你成為人生的主導者，有意識地決定自己的未來。」他說得沒錯。制定人生計畫、按時檢視和更新，這樣的經驗對我們來說，都是一次深刻的轉變。隨著我們的家庭、友情、職業和其他興趣不斷發展，人生計畫幫助我們待在正軌，好好把握最珍視的事物。

正因我們的親身經驗，想和你分享人生計畫的力量。最棒的是，你不必等到變成崩潰邊緣的中年主管，就能從人生計畫受益。事實上，越早開始，你就越能主導自己的人生，無論是財務、人際關係、健康和心靈皆能達到理想的狀態。無論身處人生的哪個階段，每個人都能掌握方向盤，朝著你想要的未來前進。

本書能給你的收穫

所有人都會偶爾迷失方向。我們以為自己走在正確的道路上，殊不知已經偏離軌道了。有時候，我們不確定如何回到正軌，也不清楚目的地，卻知道自己不喜歡那個終點！

我們希望這本書提供清晰的指引，幫助你勾勒出整個人生的願景，並制定計畫，通往更好的未來。這本書讓我們看清個人生活以及職涯的現實，並利用這種全新的覺察，做出更好的決定，寫出更精采的人生故事。

《逆向人生計畫》將讓你看到人生真正的可能性。如果你感到生活失衡，難以維持目前的步調；如果你事業有成，但又不想忽犧牲個人生活；如果你想專注取得財務上的成功；如果你剛經歷一場悲劇，意識到人生短暫。如果以上任何一點符合你的現況，那這本書正是為你而寫的。

《逆向人生計畫》將幫助你在生活的每個領域，做出更好的決定。好消息是，我們能把握的比大多數人意識到的還要多。每天都有成千上萬個機會，可以改寫我們的人生故事。我們希望幫助你做出最積極、最明確、最有益的抉擇。

最後，《逆向人生計畫》將幫助你發揮最大的影響力，為這個世界做出最有意義的貢獻，並為身邊的人帶來最大價值。

想要看到正面的結果，就要果斷行動。我們的目標是要讓你身體力行，從而體驗到渴望的改變。在這本書中，我們會不斷督促你做出行動。我們曾指導面臨各種人生境遇的人，最後都取得了非凡的轉變。但最關鍵的一點是，你**要準備好做出積極的改變**。

J．P．摩根說的沒錯：「邁向目的地的第一步，首先要決定自己不會停在原地。」

那麼，讓我們向前邁進吧！

本書概要

《逆向人生計畫》包含十個章節，引領你踏上一段旅程，從認識制定人生計畫的必要性，到了解計畫的過程，最終激勵你付諸實現。這本書的核心，就是幫助你更積極、更有目的地度過每一天。若你願意採納書中的建議，將掌握必要的工具和方法，讓自己的人生向前看，而不是一直回顧過去。以下是《逆向人生計畫》的路線圖。

第1章：**明察人生的暗流**。我們將探討為什麼很少有人會規畫自己的人生，以及沒有規畫會怎麼樣？我們通常會形容這種情況叫做「陷入暗流」，比喻我們莫名其妙走到不在計畫內的目的地。如果這本書中有一個反派，那一定就是暗流。

第2章：**人生計畫是什麼？**我們將明確定義「人生計畫」這個詞的真正含義，它究竟是什麼，又不是什麼。我們也會分享三個核心問題，幫助你整理你的計畫，以及你的人生。

第3章：**人生計畫六大優點**。我們將詳細說明制訂人生計畫的六大優點。如果你決定付出心力，打造並執行計畫，那麼了解你「為什麼」要做，至關重要。

第4章：**設計自己的遺產**。我們鼓勵你快轉至人生的終點，問自己這個問題：「當我去世時，我的家人、朋友和同事們會如何評價我？」這問題聽起來可能有點可怕，卻非常有用。你離世後，唯一真正重要的，是你所創造的**回憶**。你希望別人怎麼記得你？創造美好回憶，能成為促使積極改變的強大動力。

第5章：**用人生帳戶，排列優先順序**。我們將幫助你定義出不同的「人生帳戶」。還會分享一個名為「人生評估」的線上工具，幫助你了解在九個主要人生領域中，自己的**熱情**與**成長**。

第6章：**規畫路線，移動到理想未來**。決定優先事項後，是時候替每個帳戶打造「行動計畫」了。在此章節，你將要思考目前所在的位置，以及想抵達的地方。我們會幫助你撰寫一份目標宣言，這份宣言裡，要描述你期望的未來、確定當前的現實狀況，並制定具體的待辦事項。

第7章：**人生計畫日，最重要的二十四小時**。讀到了這一章節，你已經擁有制定人生計畫的必需工具了。現在，就是現在，即是創造計畫的最佳時機。我們將解釋空出一整天制定計畫的重要性、如何準備，以及如何執行。

第8章：**檢視現實，然後實踐計畫**。這是將理論化為行動的時刻。人生計畫的目標是改變生活，帶你踏上通往夢想人生的道路。此處的關鍵是「餘裕」：你需要有執行新方法和取得成果的時間和精力。我們將分享三個策略，幫助你創造需要的餘裕，從而實現你渴望的進展。

第9章：**每天到每年，都要追蹤你的計畫**。人生計畫若沒有定期檢視，就毫無價值。我們建議按時檢視（每週、每季、每年）並為每個階段注入具體的事項和資源。根據我們指導數千名客戶和研討會參與者的豐富經驗，定期檢視和修訂是關鍵，能讓你的人生計畫靈活且能有效實行。

第10章：**改變自己，就是改變世界**。聰明的公司會鼓勵員工設計人生計畫。我們會告訴你原因，以及如何在公司實現人生計畫，就算你不是執行長也行。如此將吸引更高效率的認真員工，在當今競爭激烈的環境中，打造具戰略優勢的企業文化。

除了這十個章節，我們還會提供四個不同背景的人生計畫範例。我們將說明如何將所有內容，包含這些範例以及在 LivingForwardBook.com 的一系列實用資源，整合到一份人生計畫。

啟程

我們非常感謝你選擇閱讀這本書，也相信只要你全心投入接下來的理念和過程，就一定能活出更美好的人生故事。

《逆向人生計畫》將和渴望平靜的人產生共鳴，而這種平靜來自清楚知道什麼對自己最重要，並懂得用有意義的行動填滿每天、每週、每月乃至每一年，從而做出最大的改變。

這不僅僅是一本書的開頭，可能也是人生蛻變的起點，活出充滿目標的人生。改變，從**現在**開始。

第一部

了解需求

你怎麼走到現在？又將往哪去？

人生要自己設計，不被別人設計。

第 1 章

明察人生的暗流

想抵達港口，我們必須啟航。有時順風前進，有時逆風而行，但絕不能隨波逐流或停滯不前。

——奧利佛．霍姆斯（Oliver Holmes），

美國醫生、作家

我（丹尼爾）在奧勒岡州有間濱海小屋。西北部的海灘美麗迷人，擁有具挑戰性且極為出色的衝浪環境。秋冬之際，暴風雨來襲時會湧起大又澄澈的海浪。不過，有時也會伴隨強風和急流，使海上一片混亂。

就是在這樣的日子，海浪在附近的海岬盡頭翻騰，這個海岬離岸超過一百碼。我和另外三個人一起奔進海中，其中包括剛學衝浪的奧斯汀。不久後，我發現他被沖離海岬，被困在一股非常強勁的暗流中。

奧斯汀很強壯，但缺乏海流知識，無法脫離這股暗流。暗流將他越帶越遠。我划到暗流的邊緣，順著水流朝他靠近。終於趕上後，我引導奧斯汀改變方向，別游向岸邊（雖然這較合乎直覺），而是朝和海岸線平行的方向移動。只要划得夠遠，就能擺脫暗流，進入較平靜的水域。然後我們就能自由地朝岸邊移動了。雖然花了半個小時，但最終我們筋疲力盡地回到了沙灘。

人生也像這樣。我們常發現自己深陷暗流，被帶離了原本的軌道。更糟的是，還可能在抽身中受傷。很多人到了四、五十，甚至六十多歲，驀然回首，才驚覺自己被沖到了遠海。他們可能健康狀況惡化、婚姻破裂，或者事業停滯不前。他們可能失去了精神寄託，感覺生活空虛且毫無意義。無論情況如何，他們抬頭一看，才發現自己和原本以為會抵達的人生目標，已經相去甚遠。這些人成了暗流的受害者。

人生怎會走到這一步？

陷入暗流通常發生於以下四種情況之一，或是多種情況結合：

1. **缺乏覺察時**：有時我們被暗流捲走，是因為根本不知道發生了什麼事，或沒有危機意識。上述的故事就是如此，奧斯汀對那片水域不熟悉，也完全沒有遇到暗流的經驗。

   現實生活中也經常發生。或許你從小就被灌輸了關於健康、婚姻和工作的錯誤觀念。我們對人生都有些誤解，直到用不同角度去看待，才會發現真相。

2. **要事分心時**：我（麥可）有次也被困在暗流中。當時我和妻子蓋兒在夏威夷度假，我們帶著短衝浪板去浮潛。海面下的景色太美了，結果我們忘了留意岸邊的位置。等到我們抬頭張望時，已經被帶到幾百碼之外的海面了，只能拚命游回去！

或許你全神貫注在事業上，認為工作比陪伴家人更有趣。或許你正處於特別忙碌的育兒階段，忽略了健康。或許你過度沉迷各種應用程式和電子設備，結果沒能完成該履行的職責。

3. **不堪重負時**：有時，我們承擔了能力範圍之外的事。有時，我們被迫面對承受不了的壓力。無論如何，我們累壞了。為了緩解這個問題，我們會說服自己這只是暫時的：「只要撐過這段時間，就能好好關注（自行填空）」我們會對自己和他人做出這樣的承諾。

有時這種想法是合理的，但通常都只是藉口。我們從一個壓力重重的情況漂流到另外一個時，從來沒有真正停下來問問自己：「為什麼我總是這樣不斷輪迴？」

4. **逃避現實時**：我們的思維運作方式很神奇，經常分不清信念與現實的差異。正如亨利・福特（Henry Ford）所說：「無論你相信自己做得到，還是做不到，你都是對的。」換句話說，你相信什麼，相應的結果就會發生。

這點和暗流特別像。你可能覺得**自己**無能為力，或是**它們**不會改變，又或是**這個世界**不會改變。拒絕接受你其實有掌控權，能夠改變結果。因此，你陷入暗流中，認為無力改變方向。

隨波逐流代價高昂

陷入暗流可能帶來嚴重的後果，不只是對你自己，還會影響你愛的、依賴你的人。因此了解後果非常重要，就能避開問題，及時採取補救措施。趁還來得及，避開以下五種代價高昂的後果：

1. **困惑**：陷入暗流時，我們會失去思考問題的角度。少了清晰的目標，旅途中的挑戰便顯得毫無意義。沒有更大的願景替生活小事增添意義，頓時就失去了方向。就像沒有指南針或導航的登山客，在森林裡繞圈子，困在一連串無關緊要的事件和活動中。最後，我們會懷疑人生是否有意義，對尋找目標感到絕望。
2. **代價高昂**：在生活中隨波逐流的成本非常高昂，不僅是金錢上的損失，還有時間上的浪費。我們經常東奔西跑，不確定目的地是哪裡，耗費了寶貴且有限的資源。有時，最好的做法是停下腳步，確定自己所在的位置。雖然這樣做可能會耽誤旅程，但長遠來看，能夠更快速、更實惠地抵達真正想去的地方。

3. **失去機會**：除非心中有明確的目標，否則很難分辨什麼是機會、什麼是干擾。我們會問自己：**這個情況讓我更接近目標，還是離得更遠？**倘若沒有計畫，就無從知道答案。少了計畫就不會有急迫感，也沒有理由抓住機會，更不會意識到機會要是沒去爭取就會溜走。我們很容易拖延症爆發，忽略大多數機會都有期限，一旦錯過，就永遠錯過了。

4. **痛苦**：雖然人生中有些痛苦在所難免，但很多時候都是自己造成的。這通常是因為沒有做好計畫，舉例來說：

- 沒有健康計畫，無論是身體、心理還是精神上的，最後都有可能生病、缺乏活力、陷入低迷，甚至……死亡！
- 沒有職涯計畫，最後可能會缺乏成就、事業停滯，或是失業。
- 沒有婚姻計畫，最後可能會苦不堪言、分居或是離婚。
- 沒有育兒計畫，最後可能會和孩子疏遠、傷到孩子，且留下遺憾。

這就是陷入暗流的危險。如果我們毫無計畫就踏上人生之旅，可能會很快陷入麻煩，搞不好還很嚴重。

5. **後悔**：或許最令人悲痛的後果是，在人生的終點承受著滿滿的懊悔。我們會感嘆那些「早知道就……」：

- **早知道就**吃得健康一點、多運動、好好照顧身體。
- **早知道就**多花點時間閱讀、學習其他語言，或是到別的國家旅行。
- **早知道就**多花點時間與伴侶相處，多聆聽少說話，試著理解對方，而不只想被理解。
- **早知道就**多花時間陪伴孩子，多去看他們的比賽和表演、一起去露營和釣魚，並教他們如何規畫人生。
- **早知道就**勇敢一點，創立自己的事業。
- **早知道就**大方一點，投入更多時間、才華和金錢，努力幫助需要的人。

我們都明白那句老生常談的真理：「人生不是彩排。」犯錯會造成真正的苦果，很多人正努力善後。無可迴避，我們正活在自己選擇的後果裡。不過好消息是，「選擇」是我們唯一可以掌控的事。今天就是讓這些選擇發揮價值的時候。

預覽人生計畫

人生計畫跟陷入暗流正好相反。陷入暗流是被動的，人生計畫是主動的。陷入暗流是將責任推給環境或他人，人生計畫是承擔責任。陷入暗流是沒有計畫的生活，人生計畫是妥善規畫並付諸行動。

這本書的組織方式，是根據我們想協助你們達成的三個目標：

1. **釐清你目前的位置**：我們想幫助你看清目前的位置，和你期望的目的地之間的差距。誠實面對自己生活各方面的現況，是走往更好方向的關鍵。我們將在第2、3章中探討這點。
2. **決定你的目的地**：人生計畫的核心，在於構想一個更美好的未來。我們想賦予你力量，勇敢做夢。你想擁有怎樣的身體、心理或精神狀態？你想享受什麼樣的婚姻？你想要哪種職涯？為什麼要無奈接受自己漂向一個無聊，甚至是危險的處境呢？我們將在第4至7章中探討這一點，提供你一些簡單有力的工具及模板，幫助你規畫理想的路線。

3. **朝目標邁進**：理解自己的現狀，並決定理想的目的地後，就可以開始朝目標前進了。沒錯，這要付出心力，但現在你已經意識到差距，可以開始用有意義的行動填滿每一天，逐步縮小這個差距。有計畫後，每一天都是邁向目標的機會。我們將在第8至10章中探討這個部分。

不管你現在身在何處，請聽我們說：你可能覺得自己已經偏離航道太遠，回不到正軌，就像回不去遙不可及的岸邊。或許你已經失去希望，不相信情況會改變，但這絕非事實。亡羊補牢，為時未晚。請鼓起勇氣，雖然無法改變過去，但每個人都擁有改變未來的力量。今天做出正確的選擇，將徹底改變明天的樣貌。

第2章

人生計畫是什麼？

不要制定小計畫，它們無法激發人們的熱忱，甚至可能無法實現。制定宏大的計畫吧，懷抱希望並付諸行動。記住，一幅崇高且合乎邏輯的藍圖，一旦繪製了，將永不消逝。

——丹尼爾·H·伯納姆（Daniel H. Burnham），美國建築師

班傑明．富蘭克林（Benjamin Franklin）是我們所知第一位訂定人生計畫的人。約一七三〇年，他接近三十歲時，定了一個自我提升的計畫。列出十三項希望培養的必要美德，例如克制、節儉、勤勞和謙遜。他每週專注一項美德，並每天記錄進展[1]。

雖然很有挑戰性，但富蘭克林的計畫相對簡單。然而，當我（麥可）第一次聽說人生計畫時，以為會像企業的策略規畫一樣詳細：一本包含詳細SWOT分析[2]、行動計畫和甘特圖1的三環活頁夾。誰有時間去做這些呢？

寫出來，不只停在腦袋

雖然也有其他人撰寫或談論過這個主題，但「人生計畫」這個術語似乎已經被金融服務業主宰了。如果你在谷歌搜尋這個詞，出來的結果九成都會是銷售金融或保險產品的網站。但我們不一樣，我們說的人生計畫，指的是一種特定文件：

人生計畫是一份簡短的書面文件，長度介於八到十五頁。這份計畫由你自己制定，描述你希望如何被記住。明確表達個人優先事項，並提供具體行動，幫助你從現在的位置前往想抵達的目標，涵蓋人生中的各個重要領域。最重要的是，這是一份活的文件，你將在人生中根據需要進行微調和修正。

我們來逐句解析這段話。

人生計畫是一份簡短的書面文件，長度介於八到十五頁。沒錯，就是這麼簡單。不是一本厚重的三孔活頁夾文件，不需要寫滿上百頁的詳細計畫。就只是一份簡短易讀的書面文件，讓你可以每天或每週讀一次。

千萬別被簡短的篇幅騙了，短不代表沒影響力。《十誡》、《山上寶訓》、《米蘭詔書》、《大憲章》、《九十五條論綱》、《五月花號公約》、《獨立宣言》、《美國憲法》、《蓋茲堡演說》以及《解放奴隸宣言》，所有這些改變世界的文件都不到五千字，相當於書的十五到二十頁。其中大多數都不到一千字，僅有三到五頁。改變歷史的文件不需要很長，改變你**人生軌跡**的計畫也一樣，只需八到十五頁就夠。

這份計畫由你為自己制定。你不能外包給別人，必須**自己**發自內心開始寫。沒有別

1 譯注：是將任務項目與時間一同呈現的一種條狀圖，可以一目了然的知道每個活動的歷時長短。

人能制定，也幾乎沒有別人會讀到（除了可能幫助你實現目標的人，例如配偶、親密朋友或教練）。這是專屬於你的計畫。

它描述你希望如何被記住。當我們離開這個世界時，唯一真正留下的，就是和所愛之人**創造**的回憶。令人欣慰的是，我們**現在**就有機會設計這些回憶，不必交給命運決定。我們可以有意識地創造它們。

明確表達個人優先事項。對大部分的人來說，優先事項往往由外部力量決定，配偶、父母或家人、老闆，或者所處的社交圈。但我們**自己的**優先事項是什麼？哪些是我們真正想要塑造的人生核心？在未來的某個時刻，我們希望在這些優先事項中看到什麼成果？人生計畫提供了一個機會，讓我們為自己定義這些願景。

它提供具體行動，幫助你從現在的位置前往想抵達的目標，涵蓋人生中的各個重要領域。是的，我們將採取可重複執行、不可妥協的行動。但這些並不是海軍建造潛艇或企業推出新產品時使用的那種複雜規範。這些行動將會簡單明確，直擊重點。

這是一份活的文件，你將在人生中根據需要進行微調和修正。這點至關重要。人生計畫並不是個終點，而是持續進行的過程。在這個過程中，要計畫、執行、評估，然後重複一輪。第一次制定人生計畫是最困難的，因為要從零開始，就跟發明輪子一樣。不過一旦完成了第一次，以後只需每年調整和改善，讓這個輪子繼續轉下去就好。

問對問題，就是解決問題

人生計畫的格式，由三個核心問題來發展。不過分享這三個問題之前，我們想先談談提問的強大力量。我們的人生是由我們問的問題來決定，好的問題會換來好的結果，壞的問題會導致糟糕的後果。

舉個例子，二〇〇三年，我（麥可）被任命為美國第七大出版集團，湯瑪斯·尼爾森出版社的總裁。那是一段非常忙碌、壓力破表的日子。

有天早上，我右手提著電腦，左手拿著一杯剛煮好的咖啡，下樓準備去上班。距離樓梯底部還有四階時，我在地毯上滑倒了。因為沒有手抓住樓梯扶手，我整個人跌坐在地，咖啡灑得到處都是。然而，這場混亂只是一切的開端。

接下來這天將會非常忙碌，而我已經遲到了，我站起身收拾收拾，然後就繼續出門了。此時，一陣痛楚襲來，我的腳踝斷了。這一天完全被打亂，接下來十天也是。我不得不動手術，裝一塊板子和六顆螺絲釘修復傷口。最慘的是，我得穿治療用的靴子三個月。這樣一點都不像個總裁！這件事發生的時機真是糟到不能再糟了。

我可能會問自己一些問題：**我為什麼這麼笨手笨腳？為什麼偏偏這個時候？為什麼是我？**然而，這些問題的問題在於一點建設性都沒有，只會讓人沮喪。當然，想到這些很自然，甚至必要，它們是處理悲傷的過程。但最終，還是能問些更好的問題。

壞事發生時，最好的問題是：**我可以從這次經歷得到什麼？**有看見轉變嗎？突然間，注意力從過去（對此你無能為力），轉移到了未來。以我為例，腳踝骨折帶來了一些好處，包括我急需的休息時間。

無論情況如何，重要的一點是：你無法選擇每次發生在自己身上的事。意外和悲劇在所難免，但你能選擇如何應對。最棒的開始方法之一，就是問自己對的問題。

三個核心問題

這點同樣適用你的人生計畫。讓我們一個個探討人生計畫的三個核心問題。

- 問題一：**你希望怎麼被記住？**規畫任何事情時，最好的起點便是終點。你想要達到什麼結果？想要這個故事如何結束？離開人世時，你希望怎麼被記住？我們會在第4章討論遺產的部分，但現在只需要知道，這是一個重大的問題，值得你最深的思考和反思。

- 問題二：**對你來說什麼最重要？**或許你從未允許自己問這個問題，舉例來說：你知道對父母來說什麼很重要。你可能知道對伴侶來說什麼很重要。你肯定知道對老闆來說什麼很重要。但是你自己呢，什麼對你來說很重要？什麼是人生中最重要的呢？這是一個攸關先後順序的問題，沒有人可以替你決定，必須自己承擔。我們將在第5章討論更多有關先後順序的內容。
- 問題三：**如何從這裡，抵達想去的地方？**如果想改善生活及實現潛能，要先清楚現在所處的位置、想要前往的地方，以及如何從這裡到達理想的目的地。我們將在第6章討論規畫路線的細節，現在只是希望你能理解這框架。

思考自己站在哪？又想往哪去？

我們將人生計畫，比喻為能帶你回到正軌的導航，作為本書的開頭。這在回答第三個問題時是個絕佳的比喻，而這個問題正是關於如何從現狀到達你希望的地方。

所有的比喻都有其局限，但用導航比喻能強調並解釋，人生計畫如何發揮效用。

使用導航時，你需要輸入目的地：在你決定目的地之前，什麼事都不會發生。人生計畫也是如此，迫使你決定人生每個重要領域的結果。這是人生計畫的第一個部分。

導航能幫助你更快、更事半功倍地抵達目的地：我們兩人的方向感都很差，要是沒有科技的幫忙，很快就會迷路了。iPhone 的導航系統讓我們無需自己費力摸索，人生計畫也有這樣的功效。

導航會在你前進的過程中不停顯示進度：讓你知道自己在哪條街，還有多遠要轉彎，以及距離目的地還差多遠。人生計畫也會提供類似的回饋，告訴你和最終目標間的相對距離，提供你當前資訊避免迷路。

導航能在你迷路時，幫助你回到正軌：就算有導航系統的幫助，你也可能偶爾走錯路。（天哪，我們八成繞路了！）但導航從來不會責怪你，只會帶領你回到正確的路上。人生計畫也一樣，會提供你參考點，協助抵達目的地。

導航會在你遇到障礙時重新規畫路線：前往目的地途中，難免遇到阻礙。良好的導航能及時調整並重新計算路線。人生計畫也能做到這點，靈活幫助你克服障礙前行。

導航並非總是正確：這點並不意外。地圖資料庫很難跟上所有變化：新建的道路、封閉的道路、交通事故等。你的人生計畫也是如此，不可能總是正確，必須適時調整。而人生計畫可提供你調整的框架。

導航需要投資：你是否曾經租車，然後要決定是否要額外付費使用導航系統？雖然現在有很多免費的應用程式，但這筆投資絕對物超所值。人生計畫也很類似，需要你先投入時間並定期檢視，但回報絕對值得。

一份文件，終生實踐

正如之前提到的，第一次寫人生計畫最困難，但會變得越來越簡單。這不是寫完就擱在架上，目標不是要產生一份文件，然後就回到「一如既往的生活」。真正的價值在持續進步。人生計畫是要做一輩子的事，更將成為你的生活方式。

第3章

人生計畫六大優點

沒有目標的人，如同沒有舵的船。

——湯瑪斯・卡萊爾（Thomas Carlyle），蘇格蘭作家

過去二十年，我（丹尼爾）和我的團隊一直在指導一些全球最傑出的商業人士和領導者。他們大多都善於制定商業計畫和自己的財務計畫。然而，來找我們創造勝利公司的，卻很少人有寫人生計畫。

如同剛剛所說的，大多數人花更多時間規畫一週的假期，而不是釐清人生想實現的目標。對此，若生活不如所願，應該也不令人驚訝吧？

這就是為什麼我們相信所有人（尤其是領導者），應該要花時間打造一份書面人生計畫。自我領導總是比團隊領導重要，而人生計畫可以是幫助你領導自己的最強大工具之一。這麼做至少有六個優點。

優點一：釐清順序

來到二〇〇九年二月，跌倒弄翻咖啡，和尷尬靴子事件都過去了。我（麥可）當時是湯瑪斯．尼爾森出版集團的執行長，而公司正處於金融風暴的中心。由於出版業是仰賴大眾消費的產業，因此受到特別嚴重的打擊。出版社、印刷商和書店無一不苦苦掙扎。當時的銷量衰退將近二〇%。公司已經裁員兩輪，幾乎解雇了四分之一的員工。那是一段黑暗且艱難的時期，每天都是場戰鬥。

雪上加霜的是，湯瑪斯・尼爾森的老闆們，在房市泡沫最高點買下了公司，這場泡沫隨後引發了經濟大衰退（當時並未預見到市場的低迷）。我們這些員工也沒料到，大家都天真地以為，銷售和利潤會持續如財務人員喜歡說的那樣，「向上且向右」增長。因此，公司一直努力履行債務契約。

我和我的團隊背負極大的壓力。每天都會冒出新的問題，而誰都不知道經濟何時會好轉。我們控制了能控制的部分，並盡可能發揮創意，但消費者依然不買帳。就這樣過了幾個月，領導階層越來越沮喪，漸漸變得絕望。

我知道自己需要一段假期。源源不絕的壓力已經令我不堪負荷。我需要抽身，重新與妻子蓋兒相處，並獲得一些養分。休息一下無妨，我無法繼續現在的步調。幸運的是，有朋友提供了位於科羅拉多洛磯山脈深處的小木屋。如此偏僻遙遠的地方，聽起來就像是完美的解藥，於是蓋兒和我動手打包行李、跳上飛機，期待著一週的假期。

我本來打算離開科羅拉多泉前往小屋，就完全放下工作。結果在達拉斯轉機時，我還是打開手機檢查郵件。我一打開就注意到了老闆的信，是擁有湯瑪斯・尼爾森的私募股權公司的合夥人之一。**這下怎麼辦？**

信裡表示，他和同事計畫週一來訪，希望我能在場。我的心一沉，把郵件內容讀給蓋兒聽，她問：「你打算怎麼做？」她明白這件事的嚴重性，隨即提議取消這次旅程，打道回府。

在那緊張的時刻，面對兩件互相衝突的事，我的人生計畫提供了清晰的視角。工作並不是我人生的全部，只是一部分——雖然重要，但不應該排除其他一切，尤其如果讓工作主導一切，可能會破壞其他要事。

答案很明顯，我回覆老闆：「很抱歉，我才剛抵達達拉斯。蓋兒和我正前往山區，享受一週珍貴的假期。我們看看能不能重新安排來訪時間。」這不是簡單的決定，但我沒有掙扎。老闆不太高興，但那時我知道自己需要怎麼做。人生計畫提供了所需的方向和框架，幫助我做出抉擇。

從我們指導過的人口中，一次又一次聽到了類似的故事，像是菲利浦說：「我對**自己**更有自信了。制定人生計畫前，我會過度分析所有事，又或者會不斷猜疑自己做出的決定。」人生計畫開始後，他花了一段時間才讓排出優先順序成為習慣，但現在他說：「做決定一點都不難。」

我們相信，你也能體會到同樣的功效。人生計畫幫助你設定優先事項，理解這些事項如何調配，以及衝突時該怎麼辦。

優點二：保持平衡

我（丹尼爾）在即將滿二十三歲的幾週前，獲得了帶領我第一支團隊的機會。我才新婚一個月，就踏入了人生的新篇章。當時，我的領導和管理經驗幾乎是零。所以我制定了一個策略，要當團隊裡最努力工作的人，尋找那些渴望成功的人，然後幫他們確定實現目標所需的步驟、系統和知識。

此時，我培養出了我的教練式領導風格，並在約八年後成立了創造勝利公司。我希望能說自己夠聰明，經歷巨大犧牲之前就能定出這個策略，但事實並非如此。我拚命努力做得比團隊成員好（或者說「以身作則」，我當時是這麼認為的），同時招募、培養和支持我吸引到的優秀人才，我發現一天二十四小時根本不夠用。我以自己提供的服務和能力為榮，我的無線電呼叫器讓全世界一週七天、一天二十四小時，隨時都能聯繫到我。

我還記得在那段時間，我和新婚妻子在洛杉磯一家高級餐廳共進晚餐，而我的呼叫器卻不停地嗶嗶作響。更糟的是（遠比想像中糟），我還真的離開餐桌，找了一部公共電話，回電給那些不停催我的人。一個浪漫的夜晚就這樣毀了！我完全失去生活平衡，清楚必須有所改變。

很多人發現自己也處在類似的泥沼中，例如，有些人為了過忙的行程而犧牲健康。他們忙得沒時間運動、選擇能快速解決的速食，結果體重上升，走向一場重大的健康危機。其他人為了事業、興趣愛好或當志工犧牲妻小。當然，這些都不是全部一起發生，而是經年累月逐步出現的。我們開始搖搖欲墜、失去平衡，有時還摔得很慘。

我渴望成功，所以將全部精力都投入事業，並相信了一則謊言：這麼做是成功的必經之路。沒錯，我知道我會贏得更多敬重、讚譽和金錢，但要是不改變我的決策和界線，我的婚姻、健康以及更多方面都會受到傷害。我需要打造一個穩固的人生計畫，幫我找出不僅是事業和財務，而是在人生所有重要領域都取得成功的方法。

有點必須強調一下，即平衡不代表將資源平分給每個領域。談論到工作與生活的平衡時，有些人似乎會暗示要平分資源給工作和其他領域，但我們不是這個意思。

如果認為，平衡代表生活的每件事都獲得相同的關注，就是在自欺欺人。平衡只會存在於動態的張力中，平衡不是要你投入**相等**和**適當**的注意力到各個領域。有些領域必然會獲得較多時間，有些較少，但所有領域都會得到必要的關注和資源，朝著計畫目標前進。

這三十年來，作為一位領導者，我帶領過許多團隊，並在過去二十年中，指導了許多最繁忙且最成功的商業領袖。我深知在生活中領導自己的方式，會直接影響我們如何領導周圍的人。領導自己永遠比團隊領導重要。我們必須採取平衡的方法，替生活中所有重要領域累積「淨值」，而不僅僅專注某一、兩個層面。這樣最終能產生最大的影響力，為周圍的人帶來最高價值。在工作成長的同時，也不會危及生活的其他方面。計畫一個嶄新的人生，能幫助我們找到並維持平衡。

優點三：過濾機會

剛踏入社會時，總會四處尋找機會。你會想：「**如果我能錄取這間公司或那個組織就好了。**」或是如果你已經有工作，就會想：「**如果我能被邀請參與這個專案或那個專案就好了。**」一開始，機會似乎少之又少。

然而，有了更多人生經歷後（假使你擅長自己所做的事情），機會就會不斷增加。

你會被要求承擔更多能力之外的工作。此外，工作之外的機會也會跟著倍增，像是社交活動、當志工、公民義務等，有非常多好機會值得你投入時間。

接著是你的家庭。你想要花時間和伴侶相處，而她也想要和你共度時光。這並不是不切實際的期待，你也知道這點對婚姻至關重要。而眼前還有不斷增加的「家事待辦清單」，每次修理或更換某個東西，清單上就會冒出兩件新的任務。如果你有小孩呢？機會和活動會呈指數增長。你的孩子跟你一樣忙碌。不知不覺，你會感覺自己像位計程車司機，在學校、足球練習場、鋼琴教室、生日派對之間不停接送孩子。

這一切怎麼會發生得這麼快呢？你突然被各種機會淹沒了，卻沒有明確的方法來決定何時該答應，何時該拒絕。人生計畫能幫助你過濾機會，專注於最重要的事上。

在我（麥可）寫第一份人生計畫的前一年，事情簡直一團亂。工作壓力極大，同時，家裡還有蓋兒和我們的五個女兒，年齡從十二到二十二歲不等。她們分別就讀四間不同的學校。兩個讀大學、兩個讀高中，還有一個在讀國中。除此之外，還住在家的幾個孩子參加了足球、籃球、吉他課，以及各種學校活動。如果你想知道火車出軌的前一刻是什麼樣子，我敢肯定就是這樣！

不過呢，有了人生計畫後，就有了篩選標準，幫助我重新畫定優先事項、重整生活，並開始縮減我的活動範圍。事情並沒有一夕之間改變，但我突然有了清晰的方向。這給了我勇氣，去管理自己的機會，而不是被機會支配。我終於能夠對真正重要的事情說「好」，並對（幾乎）其他所有事情說「不」了。

優點四：看清現實

一九九一年，我的生意夥伴和我（麥可）經歷了一場財務危機。我們創立了一間成功的獨立出版社，但我們的成長速度超出了營運資金的負荷。有一段時間，我們透過書籍經銷商的銷售預付款來填補資金缺口。但不久之後，他們的母公司要求收回這些預付款。雖然我們沒有正式宣告破產，但經銷商實際上對我們進行了清算，並接管了我們的所有資產。

那是段艱困的時期。我困惑、沮喪又憤怒，最初將責任全推給經銷商。**要是他們遵守承諾賣出更多書，這一切就不會發生了。都是他們的錯**。但最後我意識到，除非我承擔責任並從這次的經驗中學習，否則只會陷在原地。雖然這段時期極其艱難且挫敗，但教會了我一些關鍵且改變人生的課題，帶我抵達了現在的位置。

如果你不從當下的位置開始，就無法到達想去的地方。不幸的是，現代生活充滿無窮無盡的干擾，讓我們逃避生活中的難題。更糟的是，流行文化往往灌輸我們：我們的處境都是別人害的。

事實是，你無法改善自己不願面對或承擔的事。無論是健康、婚姻、育兒、職涯或財務問題，都不會神奇地自動消失，而必須直接面對處理。要是沒有外部幫助，或促使你處理問題的系統，往往很難做到。

制定人生計畫能幫助你認清當下的現實——這麼做不是為了苛責自己，而是為了擬定改變現狀的計畫，真正活出想要的人生。

優點五：展望未來

榮恩和芭比結婚十二年了。他們的婚姻稱不上糟，但也不算美滿。他們已習慣於各過各的，彼此並無太多交集。榮恩基本上都做自己的事，芭比也一樣。

感到生活陷入泥沼的榮恩加入了一個導師團體。團體的領導人介紹了人生計畫的概念，榮恩這才第一次承認他的婚姻已經變得平淡無味。更重要的是，這讓他有機會展望一個不同的未來。他想知道：「**我希望和妻子擁有什麼樣的關係？有什麼可能性呢？**」打造人生計畫的過程，替榮恩創造了一個缺口或需求感，一種成長過程不可少的東西。他不再滿足於現狀，而是開始努力追求婚姻中更美好的未來。

要想充分利用今日，關鍵就是要著眼未來。你需要知道自己當前的處境，但也需要清楚看見前進的方向。在你人生的每個重要領域中，你希望擁有什麼？它們在理想狀態下會是什麼樣子？

幾年前，一些客戶招待我（丹尼爾）和妻子去馬爾地夫，那裡是所有衝浪愛好者的夢幻之地。在那裡，我和兩位衝浪教練合作，他們替我拍了衝浪的照片。在一些照片中，我的動作顯得鬆散無力，而在另一些照片中，我的姿勢看起來好多了。差異全在於我眼睛看著的方向。雖然我已有三十年衝浪經驗，但照片卻暴露了一個菜鳥才會犯的錯誤：當我的眼神沒有看著目標時，姿勢就會東倒西歪。你看向哪，身體就會跟著去哪。大部分的新手都會看著自己的腳，然後就跌到海裡了。

這個道理很簡單，你專注什麼，就會得到什麼。我們對未來的看法，將影響當下的行動。我們的生活與領導方式，就看眼前專注在哪。關鍵在於，未來必須要足夠吸引人，才能保持專注，我們稱此為**拉力**。

目標必須要有吸引力。放眼未來時，我看見我和妻子雪莉在七十五歲時，仍然是彼此最好、最親密的朋友，除了對方之外，沒有任何人比對方更讓我們想要共度時光。我們仍然彼此激勵、一起玩樂、一起享受生活。拉力是達成目標的要素。你需要清晰且渴望地描繪一個未來，你願意經歷生活中所有的不適與挑戰來實現它。

人生計畫能幫你構想一個更好、更有吸引力的未來。讓你能運用想像力來創造更美好的未來。接著會顯示現狀和目標間的差距，從而制訂計畫和習慣來推動自己前進。有太多人滿足於現況，而不是可能實現的未來。我們常說服自己相信事情永遠不會變，其實只要允許自己再次做夢，就可以改變。那麼，什麼樣的未來會讓你充滿動力呢？

優點六：絕不後悔

最後，人生計畫能幫助你在人生結束時不留遺憾。很多人會輕易偏離軌道，這正是陷入暗流的問題所在，也是缺少目標的後果。

幾年前，我有個朋友外遇了。他不是某天起床就決定：「啊，我今天要來場外遇。」事情不是這樣發生，而是逐漸累積的。暗流將他拉入水中，當他浮出水面喘口氣時，人生已是一片狼藉：他的妻子和他離婚了，已經成年的孩子也拒絕和他說話，朋友更一一離去。

最糟的是，他似乎拒絕為自己的行為負責，而將錯誤歸咎他人。他對於這件事，編造了一套說詞：他太太沒有給他足夠的關愛、他的工作很無聊需要一點刺激、他成長於宗教家庭，保守嚴格的教育逼得他非反叛不可。他就是控制不住自己。遺憾的是，那股暗流，以及他無法或不願逆流而上的態度，將他帶到了最初從未想像過的地方。

然而，我們需要防範的，不僅是那些重大的悲劇。我們有位客戶名叫加瑞特，他本想晉升公司的高階主管，卻遇到了一些問題：公司的文化太糟了。他本來以為可以留下來改變整個環境，但很快便發現這麼做苦不堪言，且影響到了生活的其他層面。他知道家庭太重要了，不能讓情況繼續下去，所以選擇離職，沒有後悔。在那個關鍵的抉擇時刻，他的人生計畫助他保持理智。對加瑞特而言，家人比搶救別人的公司重要。但要是他忽視了這一點，情況會如何呢？隨著和家人的關係惡化，他一定會很遺憾。

對於很多人來說，人生並沒有朝想像中發展，留下的是失望、困惑和沮喪。但情況不一定非得如此。雖然你無法掌控一切，但可以掌控的遠比想像中多。你可以根據計畫過生活，大大提高你抵達目標的可能。你可以不帶遺憾地離去，人生計畫為你的成功提供了保障。

莫忘初衷

當人們忘記「為什麼」的時候，很容易迷失方向。寫人生計畫的理由，就跟人一樣形形色色，但重要的是，要和**你的**初衷有關。在你看來，寫人生計畫有什麼好處呢？

一開始越能了解這一點，就越有可能堅持下去，並制定出自己的計畫。更重要的還有，你更有可能真正實踐它。畢竟，這才是真正的目標。接下來的章節，我們將告訴你實際如何開始。

第二部

打造計畫

善用人生評估四象限，建立專屬人生帳戶。

存錢也存回憶，活出不留遺憾的人生。

第 4 章

設計自己的遺產

所有外在的期望、所有的驕傲、所有對失敗或尷尬的恐懼——在死亡面前都會消失，只剩下真正重要的事。

——史蒂夫．賈伯斯（Steve Jobs），蘋果公司創辦人我（丹尼爾）朋友邁可身體很健康，幽默感和他的智慧一樣出眾。他說過的笑話，比我認識的任何人都多。就算是癌症，也奪不走他的幽默感。

這場病來得突然，讓所有人都措手不及。在邁可對抗病魔許久之後，我們一起吃了午餐。他提到癌症讓他更意識到時間的流逝，希望能花更多時間和生命中最重要的人相處，首先是他摯愛的妻子，蓋比。他說：「我們都會死，只是以前我沒有完全意識到這一點。」他覺得自己浪費了很多時間。

幾個月後蓋比打給我，說邁可雖然接受了治療，但癌細胞還是擴散到腦部。隔天我立刻飛到醫院陪伴他，就在他三十八歲生日的隔天。

我沒有事先通知就走進了病房。邁可坐在床上，身上纏繞著一堆電線和管子。他因為癌症，瘦得幾乎認不出來。他的眼睛睜得大大的：「你怎麼在這裡？是來談公事、衝浪……還是有別的事？」

我回答：「我只是過來陪陪你。」這是我第一次看到這位強壯的朋友顯露出害怕的模樣。從他的雙眼和顫抖的雙手，我看到了恐懼。

我走向病床，問他感覺如何。他握著我的手，強忍著淚水說：「不好。這是我最害怕的，跑到我的腦部了，我還沒準備好。」

我們倆一起禱告。我們聊了各自的家人、工作，還有些最重要的事。邁可並沒有生氣或自憐，只是內心充滿矛盾。他努力勇敢，但同時對抗著未來的未知數以及隨之而來的恐懼。

幾個小時過後，我忍著淚水道別。他說：「別為我難過。搞不好我會活得比你久。誰也說不準自己什麼時候會離開。」這話出乎意料，卻是發人深省的真理。

兩個小時後我搭上回家的飛機。當飛機沿著加州海岸線升空時，我看著太平洋上壯麗的日落，回想起清晨見到的日出。那天之前，我總覺得美麗的日出與日落是兩件獨立的事。但和邁可共度的那一天，以及不久後他的離世，提醒了我，日落其實是日出的一部分。

問題在於，我們如何度過日出與日落之間的時光？這對於一天是如此，對於一整個人生也是。然而，大多數人都被日常瑣事牽絆住了，很少停下來問問自己：**一切將會走向何處？如果繼續沿著這條路走下去，最終會迎來怎樣的結局？**

快轉你的人生電影，看看會發生什麼事。怎麼快轉呢？請繼續讀下去。

從終點出發

思考自己的遺產時，需要從終點開始。這個道理在其他方面再明顯不過了，例如，計畫家庭旅遊時，首先要選擇一個目的地。這決定了其他所有一切，像是抵達該處的交通方式、需要攜帶的衣物、可選的住宿，以及旅途中可享受的活動。

如果這方式適合規畫假期，那麼規畫人生，肯定更加受用了。你想要什麼樣的結果呢？終點決定了一切：你人生故事裡的人物、他們在你人生中扮演的角色（以及你在他們生命中的角色）、你會開啟哪些計畫，以及你處理事情的方式。

有一句很棒的希伯來經文這麼說：「求你指教我們怎樣數算自己的日子，好叫我們得著智慧的心。」[1]除非我們花時間重新審視生活，並且面對人生短暫的現實，否則我們可能會來到一個從未選擇、甚至不願意到達的目的地。

過去二十年來，創造勝利的教練們一直指導客戶寫下自己的悼文，就像今天有人在你的葬禮上朗讀它一樣。這個練習能幫助人們做好準備，制定一個有意義且充滿力量的人生計畫。為什麼呢？因為這同時觸動了理智和內心，這正是讓人生計畫產生真正且持久改變的關鍵。[2]在你的葬禮上，你的家人（或許還有一些朋友）會朗讀一篇悼文，說一些關於你的「好話」。儀式結束後的聚會上，人們會繼續聊起你，分享你的故事，表達你對他們的真正意義。想像一下你能參加自己的葬禮，能親身聽到那些對話。

- 你最親近的人，會如何記住你的一生？
- 他們會互相說起怎樣的故事？
- 那些故事會引人發笑、哭泣、嘆息，還是以上皆是？
- 他們會如何總結你的生命對他們的意義？

我們的每一天最終累積成一生。在生命的終點，那些你最親近的人會說些什麼、會記住什麼，又會如何評價你所留下的遺產？壞消息是，一旦你離世，就無法掌控這一切了。無論是好、是壞，還是醜陋的，你都已經留給了世界。

好消息則是，你還有時間。未來充滿可能性，你仍舊有辦法影響那些在你離世後，會出現的對話。你可以從現在開始的選擇，決定那些對話。

如同第2章討論的，人生計畫是三個核心問題的解答。是時候回答第一個問題了：

你希望怎麼被記住？這個問題迫使你思考自己的遺產。

沒錯，你將會留下「遺產」

一般來說，只有在談論那些富有或知名的人士時，我們才會用到「遺產」（legacy）這個詞。顯然，亞伯拉罕・林肯（Abraham Lincoln）留下了遺產。康內留斯・范德比爾特（Cornelius Vanderbilt）也是。馬丁・路德・金恩（Martin Luther King Jr.）和柴契爾夫人（Margaret Thatcher）也不例外。但我們其他人呢？當然也會。

我們的遺產包含了我們所傳遞的精神、智慧、關係、職業以及社會資本。它是你所擁抱的信念、遵循的價值、表達的愛，以及為他人服務的總和。那是你離開後所留下，屬於你的獨特印記。

其實我們每個人都在創造並留下自己的遺產，問題不在於「你會不會留下遺產？」，而是「你會留下什麼樣的遺產？」越早想通這個道理，你就能越早開始主動創造自己的遺產。不論你喜不喜歡這件事，你現在的生活都在決定你將來的遺產。你的存在會影響周圍的人，你的言行將改變他人生命的方向，可能是好的，也可能是壞的。換句話說，**你的生命是有意義的**。你活著是有原因的，而你的任務就是找出這個原因。

好消息是，你可以決定那些對你最重要之人的回憶。你的想法、話語和選擇的行動都會產生影響。我們將在後續的章節中選擇那些行動，但現在，我們想幫助你釐清想要創造的記憶。

正如我們所建議的，想像一下自己的葬禮，這樣做很有幫助。問問自己：「當我離開時，我希望怎麼被記住？」你希望最親近的人說些什麼呢？

不要跳過這個步驟。最有說服力且最有效的人生計畫，來自那些完全投入，並堅持執行計畫的人。必須全心投入這個過程，誠實敞開心胸，這樣才能捕捉你真正的價值。當你數算自己的日子、直面生命的有限，將能夠以一種有說服力、強大的方式激發自己的才智和情感。

我們問珍奈特人生計畫對她的影響時，她說：「我覺得這讓我成為一個更優秀的領導者。我更有同情心，也與他人更加緊密連結。」她表示，這個葬禮練習是整個過程中，最令人恍然大悟的部分。這麼做幫助她變得更謙虛，也更懂得自我覺察，進而澈底改變了她的企業文化。

自己的悼文自己寫

要寫出一篇令人信服的悼文，有個方法是寫下一系列簡短的遺產宣言，描述你希望生命中重要的人如何記住你。方法如下：

1. **確定重要的人際關係**。第一步是要確定哪些人會出席你的葬禮？這個練習，要假設今天你生命中所有活著的人，即使他們比你年長，都會參加你的葬禮，這些人包括家人、朋友和同事。並不是請你為每一個會出席葬禮的人寫一段短文，因為可能會有數十人甚至數百人。舉例來說，只要寫「同事」這個類別就夠了，不需要列出所有人。家庭成員也是如此，「孩子」即包含所有，不用個別列出。以下是一些可能會參加你葬禮的人：

- 神
- 配偶
- 小孩或繼子繼女
- 父母

- 手足
- 同事
- 客戶或隊友
- 朋友
- 你指導過的人
- 社群／教會／猶太教堂成員

你的清單不必包含這些全部，而可根據自己的情況來特製這份名單。例如，可以直接寫上你的配偶姓名。你列出的人數或類型，以及宣言的長度完全由你決定。目標是要包括盡可能多的人，並寫下足夠的內容，以便清楚了解你希望不同領域的人如何記住你。別忘了，這些都只是**可能**的選項，重點是，這些人代表了你可以影響的群體。只要他們還活著，而你也還活著，你就能產生正面的影響。

2. **描述你希望如何被那群人記住**。其中一種方法是使用這個句型：「我希望（名字或關係類型）記得……」舉例來說，這是全職媽媽凱倫希望被丈夫記住的方式：

希望蓋瑞記得，他永遠是我最好的朋友。希望他記得他有多麼信任我，以及我如何始終如一地支持、珍視並鼓勵他的夢想和抱負。我希望他記得我們之間強大的伴侶關係，以及我們各自的才華如何互補，讓我們的婚姻如此美滿。我希望他記得我們在身體、心靈和情感上如何相互吸引，以及我們總努力滿足彼此的需求。

以下是高中歷史老師查德希望孩子們記住他的方式：

我希望他們記得，我是個深度參與他們的生活的父親。我希望他們記得，可以和我談論任何話題。我希望他們記得，我有規畫地引領整個家庭。我希望他們記得，我是如何藉由難忘的經歷教導他們。我希望他們記得，我總是全心全意關心他們。

唐娜是一間大型製造公司的部門經理，希望同事們這樣記得她：

我希望他們記得，我是一個樂於服務他人，並致力於培養他們成為領導者的人。我願意放下自己的個人利益，幫助他們實現個人和職業目標。我希望他們肯定我總是告知真相，即便真相很刺耳，因為他們知道我愛他們，希望能為他們服務。

最後，網路行銷人員艾瑞克表示，他希望社群媒體的粉絲這樣記住他：

我希望他們記得我的坦承、真實和慷慨。我希望他們記得，我表現得比他們的期望更好，並給他們引人入勝、改變人生的內容和資源。最重要的是，我希望他們在我身上看到一個值得效仿的榜樣，一個有價值的生活。

3. **盡可能讓你的遺產宣言有說服力**。別忘了，若你的人生計畫有足夠的說服力形塑你的未來，那肯定是**同時**觸動了你的理智**和**內心。這兩者都是必要條件。其中一種方法是，盡可能將遺產宣言寫得更具體和實際。例如，不要說：

我希望希拉記得我倆共度的時光。

應該要像這樣

我希望希拉記得我倆一同歡笑、一起哭泣、討論對彼此重要事情的時刻，以及我們只是相擁而坐，看著日落的時光。

這些例子反映了一個人希望如何被其他人記得。他們都用「我希望某人記得……」開頭，這是很棒的方式，但若你不知道該如何開始，可以嘗試另一種方法。想像你的葬禮是一部電影中的場景，當家人和朋友起身說話時，他們會說些什麼？繼續想像，還要把那些台詞寫下來。你希望他們說些什麼？把這些想法寫下來，你就已經走在正確的道路上了。

寫好後，你就有一系列遺產宣言，可以組成你的悼文了。關鍵是將它寫得好像今天就是你的葬禮，而不是未來的某天。以下是湯姆的例子，你可以在本書後面的人生計畫範例中看到他和其他人的悼文範例：

湯姆把家庭放在第一位，人生使命是為孩子們帶來正面的影響。他和妻子麗莎將孩子、孫子和曾孫們當作生活中的首要優先事項。麗莎是他一生的摯愛，他們一起度過了許多充滿愛與歡笑的日子，無論是兩人時光，還是與美好家庭在一起時。

湯姆的三個孩子從出生那天起，就深深抓住了他的心。孩子還小時，他擔任他們的籃球及棒球教練，並不斷強調這些價值：好好享受、努力拚搏，並永遠抱持優秀的運動精神。他的孩子們從未忘記，並且意識到這些不僅適用於體育，也適用於人生：享受樂趣、努力工作，並良善、以善意與尊重對待他人。

在信貸產業度過了漫長的職業生涯後（包括擁有一間蓬勃發展的貸款公司二十年），湯姆成為了一名成功的高中籃球隊教練。他指導過的數百名球員參加了他的追思會，因為湯姆關心的不只是他們的運動表現，更在乎他們作為人的成長。

湯姆深信「生活平衡」這個理念。他很努力將平衡的重要性傳遞給每一位遇見的人，而他的人生也是他人學習的榜樣。

寫下悼文，想像它今日就要被宣讀出來，就能開始思考，需要做些什麼才能讓那些想像中的回憶變成現實。

珍惜僅有的時光

尤金．歐凱利（Eugene O'Kelly）曾是全球最大的會計師事務所之一安侯建業（KPMG）的執行長，他在五十三歲那年被診斷出腦癌晚期。他的醫生冷靜地宣布，他大約只剩三個月的生命。他很快就接受了無法康復的現實，也認清奇蹟出現的可能性微乎其微。他不得不去做多數人都刻意忽略的一件事——思考自己即將來臨的死亡，以及自己對他人的影響。

在接下來的九十天裡，他下定決心要好好迎接死亡。他以典型執行長的風格，為自己設定了目標，列出他想「解開」的重要人際關係。他所說的「解開」，意思是他希望為這些關係帶來圓滿的結束，並表達每個人對他有多麼重要。不像我們，他沒有時間拖延了。不能只是把這件事放在「總有一天／也許」的清單上，因為他已經沒有多少日子，死亡正在逼近。

在生命最後幾個月裡，他決定盡可能多創造「完美時刻」。他的目標是與他人共度那些時間彷彿靜止的片刻：完全活在當下，拋開過去，也不去思考未來[3]。

他刻意排除了所有會令他分心的事物，甚至把手機關機，完全敞開心胸。對他而言，唯一重要的就是**此刻**：他與身邊的人，以及他們**現在的**對話。

雖然生命所剩不多，但他藉由在剩下的時間有意識地過生活，對身邊的人留下了深遠的影響。我們誰也不知道自己還有多少時間。我們還有下一個三十年，甚至三十分鐘嗎？丹尼爾和他朋友麥可的離別話語非常貼切：我們無法預知，但可以從現在開始改變，決定我們留給世人什麼遺產。

第5章

用人生帳戶，排列優先順序

決定你想要什麼，決定你願意用什麼來交換。想好事情的優先順序，開始行動吧。

——H·L·杭特（H.L. Hunt），美國石油大亨

隨著二〇〇七年八月經濟大衰退，我們許多客戶被迫大幅削減開支。面對客戶的流失，我（丹尼爾）真切感到巨大的壓力。這是我們公司差點踏入鬼門關的開始。我和生意夥伴貝利，決定抽出一天遠離混亂，看看能否獲取一些清晰的思路。我們帶著釣竿和日記來到德舒特河，貝利走往上游，我則朝下游走。

幾個小時後我們會合，貝利問我：「你有什麼想法？」。我說，我感覺我們正處於一個非常艱困的階段。我的注意力只放在讓公司活下去，沒有策略安排時間和優先事項，只能被動應對，不斷處理一個接一個危機。在反思的過程，我覺得有必要遠離工作，從中獲得一些遠見，並思考創新的方法。

對我來說，這麼做非常違反直覺，但我認為這是正確的選擇。再者，我知道就算沒有我，團隊也能處理公事（這是每個領導者的偉大目標）。出發前我告訴貝利，只有在公司真的資金耗盡的情況下才能打電話給我，那確實有可能發生。我們離懸崖邊緣其實並不遠。

我和家人在墨西哥共度了幾週，接著和妻子慶祝我們的二十週年紀念日。雖然我熱愛我的事業，但人生計畫提醒了我什麼才是最重要的。這段時間對我和家人們來說既充實又健康，對於我的事業來說也是一件很棒的事。

正是在這段休假期間，我創造了拯救公司危機的新產品：「創造勝利體驗」。這項產品除了提供一對一的指導，也促使我們針對企業提供服務。這扭轉了公司的虧損，在經濟困難的時期以創新的方式服務客戶，並使我們成為高階主管教練產業的領頭羊。在二〇〇八年經濟困頓的期間，我懷疑要是沒有那次休假，我是否能夠投入足夠的精力來創造並推出這個重大的新產品。

我們往往認為高效率的人總是很忙。但事實並非如此，他們只忙於做對的事，而很多人都做不到。當我們事業或生活變得忙亂時，常常會忽略自己的優先事項。但只要將真正重要的事放在首位，往往能用更好的視角，做出更好的決策。

那些活得最充實快樂的人，大多是那些清楚認識自己優先事項的人。他們知道自己擅長做什麼，並投入更多的時間。如果某事可以委託別人、延遲或放棄，那麼這事對你來說可能不重要，或者根本不該是你的事。

我們並不是說只要弄清楚優先事項，生活就會變成烏托邦。但至少你能提高成功的機會，對吧？你擁有的日子有限。最聰明的人明白，一年只有五十二個週六可以和孩子們待在一起。週六還有別的事情要做嗎？當然有。但要是你不懂得對不錯的選擇說「不」，就沒有機會對很棒的事情說「好」。

如同早前說的，人生計畫的關鍵在於回答三個核心問題。這時要回答第二個問題了：**對你來說什麼最重要？**

對你來說，最重要的是什麼？

這可能是個你從未考慮過的問題。也許你一直讓別人替你決定什麼才重要，可能是你的父母、配偶，甚至是老闆。我們每個人都承受著這種來自外界的壓力。

外界對我們是誰，以及應該做什麼的期望，往往會影響我們的價值觀。例如，許多人被告知應該上大學，甚至追求更高的學位，但為什麼呢？你有看過畢業生失業的統計數據嗎？新聞媒體經常報導這個問題，甚至成了一種新興的新聞主題：那些能夠解釋《尤利西斯》（*Ulysss*）的負債畢業生，卻在為你點的拿鐵結賬的故事。當然了，當咖啡師沒有問題，只要你樂意做這份工作，或者能夠從小費罐中得到夠付學貸的錢。現實是，儘管社會壓力很大，但大學並不適合每個人。在《大學值得嗎？》（*Is College Worth It?*）書中，前美國教育部長威廉・班奈特（William Bennett）和文學院畢業生大衛・威勒佐爾（David Wilezol）評估了幾所主要大學和學院的終身投資報酬率。結果顯示，那些表現優異的高中生，如果畢業後選擇讀大學，不直接進入職場，反而會失去潛在的賺錢能力[1]。

你必須做出適合自己的選擇。如果朋友或鄰居正前往你不想去的方向，那跟他們攀比是沒有意義的。但你必須先選擇你想去的地方，才能避免迷失於文化暗流之中。在這個章節，我們希望你決定對自己而言最重要的事情，什麼是必要的？優先事項是什麼？

建立專屬「人生帳戶」

首先，請思考構成你生活的各個領域。大多數人可以將他們的生活畫分為七到十二個不同的領域，我們稱這些領域為「人生帳戶」。在多年的教練經驗中，以下是九個最常見的帳戶：

請注意，人生帳戶圖表（圖表1）是由三個同心圓所構成，圓心則是你本人。

生存圈：最內圈是專注於你自身的活動，包括了精神、智識與健康帳戶。

關係圈：第二圈是你與他人關係的活動集合，包含你的婚姻、育兒及社交帳戶（例如友情、教會或猶太教堂、讀書會等等）。

圖表1：人生帳戶圖表

行動圈：第三圈是與你產出相關的活動，包含你的職業（工作）、業餘愛好（興趣）和財務帳戶。

這個圖表並不是一個固定或僵化的模型。它幫助你意識到生活不僅是單一領域，不是只有工作、婚姻，也不只有金錢，而包含相互關聯的興趣、責任、夢想和活動。

在人生計畫的這個部分，你的工作是要打造專屬自己的「帳戶圖表」。在這裡，需要列出對你來說重要的人生帳戶。

我們建議從前面圖表描繪

的九個領域開始，但你可以根據自己的需求，自由添加或刪除。這是你的優先順序，不是我們的。無論你的圖表有幾個帳戶都沒問題。我們見過的人生計畫中，少的有五個，多的有十二個帳戶。

例如，傑瑞有九個帳戶：

- 自我
- 婚姻：珊德拉
- 孩子：米卡、傑佛瑞、安妮
- 父母與手足
- 朋友
- 職業
- 財務
- 創意
- 寵物

漢娜有八個：

- 信仰
- 自我照護
- 家人：查爾斯、茱莉以及湯米
- 大家庭
- 財務
- 工作
- 教書
- 冒險

創立自己的清單時，要有以下四個考量：

1. **你的人生帳戶要是獨一無二的**：若你目前單身，可能就不會有婚姻帳戶。若你剛結婚，可能就沒有育兒帳戶。你也可能還處於暫時不想加入業餘愛好帳戶的階段（在主要職業之外追求的興趣或愛好）。

2. **你可以隨心所欲替人生帳戶命名**：選一個對你有意義的名字。我們發現，最好替各個帳戶取個具體的名字。你可以選擇範圍廣泛的帳戶（例如替整個家庭創辦一個帳戶），或是範圍較小的（例如替每個家人單獨創建一個帳戶，這麼做很有幫助，因為每個人都有不同的需求）。同樣地，這完全取決於什麼事對你而言很重要，以及你想要關注的範圍有多大。我們唯一要提醒的是，不要制定超過十至十二個帳戶。根據我們的經驗，當帳戶過多時，每個帳戶就會失去意義。

3. **你的人生帳戶是相互關聯的**：為了討論這些帳戶，我們會要求你單獨列出它們，但這只是個模型，不是現實人生。在現實中，你是一個整體，擁有完整的生活。例如，假設你的健康狀況很糟，可能會對婚姻、工作，甚至可能對精神生活帶來負面影響。儘管我們努力嘗試，仍然無法將個別領域的影響力與其他領域分開。然而，我們仍然希望將它們列出來，如此便可以給每個領域適當的關注。

4. **你的人生帳戶會隨著時間改變**：多年來，我們一直定期更新人生帳戶。排列帳戶優先順序的方式，也會不斷改變（關於這點，在接下來的兩個部分，我們會討論更多）。重要的是，要制定一份反應**當下**生活的清單。記住，如同我們在第2章所說的，人生計畫是「一份活的文件，你將在人生中根據需要進行微調和修正」。

有了人生帳戶清單之後，是時候評估你在每個領域的狀況了。

評估帳戶

我們無法改善沒評估過的事，因此現在是時候檢視每個帳戶，並確定你當下的狀況。我們有個工具能夠幫助你進行評估，稍後就會與你分享。但首先，我們想要解釋為什麼使用**「人生帳戶」**這個詞。

每個人都知道銀行帳戶的運作方式，是用來存錢、支付賬單和積累價值的地方。此外，每個帳戶都有一個具體的餘額：

- **有些帳戶的餘額不斷增加**：你擁有的多過需要的，支出少於收入，所以餘額不斷增加。若你大多數的帳戶都是這種狀態，那麼未來就很有保障。

- **有些帳戶的餘額保持穩定**：你擁有的剛好足夠，支出和收入大致相等，餘額很穩定。若你大多數的帳戶都是這種狀態，當下可能有保障，但未來可能會面臨危機。
- **有些帳戶的餘額不斷下降**：你擁有的少於需要的，支出大於收入，餘額可能已經透支。若你有太多帳戶處於這種狀態，那麼你現在和未來都沒有保障，有可能面臨「破產」的風險。

現在呢，請將這個財務比喻應用到你的人生帳戶中。每個帳戶都有特定的餘額，有些數字增長，有些持平，有些下降或是透支了。舉例來說，你在足球聯盟裡表現傑出，但家人們週末都見不到你。或者，你在工作上超越了目標，但健康帳戶卻已經透支，因為吃了太多垃圾食品，又沒按時運動。或者，你身體很好，但婚姻卻變得平淡枯燥，你和配偶就像是住在同一屋簷下的陌生人。又或者，你雖然失業了，但有一群力挺你的好朋友。

重點在於，你的生活是由許多帳戶組成，每一個都需要適當的關注。我們將提供一個工具，幫助你評估每個帳戶的狀況，便能給予每個帳戶所需的關注，實現你的整體目標。

人生評估（Life Assessment Profile™）是一個線上工具，為了幫助你確定每個人生帳戶是否有得到所需的關注。你可以在 LivingForwardBook.com 找到這個工具。

完成這個線上評估大約需要二十分鐘。完成之後，我們會發送一封電子郵件，裡頭附有一份三頁的報告，告訴你每個人生帳戶的具體狀況。這將會是第6章制定行動計畫的基礎。

人生評估四象限如圖表2：

我們的目標是要讓每個人生帳戶餘額都為正。但這代表什麼呢？根據我們的經驗，當人們同時體驗到**熱情**和**成長**時，人生帳戶餘額才會為正。這兩者雖明顯不同，但都不可或缺的。

熱情是關於與你對特定人生帳戶的熱衷。你還深愛著你的配偶嗎？這份情感是在增長還是消退？那事業呢？你對工作充滿熱情，還是感到乏味？健康呢？你喜歡運動，還是討厭？無論如何，這就是我們所說的熱情。

成長是關於你在特定人生帳戶中取得的成果。再舉相同的例子，你跟配偶的關係

2
振奮
只有熱情，
但沒成長
情緒：興奮
4
天賦
有熱情，
也有成長
情緒：滿足且感恩
1
漂流
沒熱情，
也沒成長
情緒：沮喪或憤怒
3
改變
只有成長，
但沒熱情
情緒：漠然、畏懼、乏味
熱情
成長

圖表2：人生評估四象限

呢？你可能愛他或她，但總是爭吵不休。那事業呢？你或許熱愛工作，但賺得不如你所期望的多，或者還沒有晉升到想要的職位。健康呢？你可能喜歡運動，但體重還是超過了理想範圍。

為了說明熱情和成長如何在現實生活中發揮效用，請回想我（麥可）在出版界取得了巨大成功之後的處境。我喜歡書本，所以進到這個行業。我著迷於書本改變世界的潛力，也很享受和作者們合作，幫助他們實現想法。

但隨著一步步升遷，我發現自己和作者共事的機會越來越少，而從事越來越多企業管理和財務監督方面的工作。我很擅長這類事情，每十二到十八個月就升職一次，最後當上了總裁兼執行長。然而，公司出版書籍與否幾乎已經不再是重點。我的工作主要是藉由增加收益和削減成本來讓董事會滿意。

我很討厭這樣。我確實有所成長，卻失去了熱情。

現實生活中，我們周圍有很多這樣的例子：

- 熱愛唱歌和彈吉他的服務生（**他擁有熱情**），卻找不到收入足以維持生計的演出機會（**他看不到成長**）。

- 深愛孩子，想當個成功母親的媽媽（**她擁有熱情**），孩子卻不尊重也不受控（**她看不到成長**）。
- 診所穩步成長的牙醫（**他看到了成長**），卻討厭每天都在處理別人牙齒的單調工作（**他失去了熱情**）。
- 關係運作良好的夫妻，很了解各自的角色和責任（**他們看見了成長**），卻再也不像以前那樣享受彼此的陪伴（**他們失去了熱情**）。

重複一遍，人生評估衡量了你每個主要人生帳戶的熱情和成長。這雖不是科學儀器，但是個有用的框架，幫助評估自己在每個重要領域的表現。

根據熱情和成長分數，該檔案將根據你當前的情況，繪製出圖表2所展示的四象限。每個人生帳戶中，你可能處於以下四種狀態：

- **漂流**：這是沒熱情也沒成長的狀態。這是人生帳戶最糟的狀況，若你淪落至此，可能會感受到失望、憤怒、漠然，甚至是絕望。為了逃離這個負面漩渦，你必須有所改變。你需要重新點燃熱情，並想出獲得正面結果的方法。順帶一提，熱情通常是成長的先驅，因為它是推動成長的自然動力。

- **振奮**：這是有熱情但沒成長的狀態。事實上，有熱情是好事，但這還不夠。你可能會很興奮，但如果沒見到成果，很快地這種興奮可能會轉變為失望，甚至更糟會變成憤世嫉俗。你需要專心執行新策略、獲得新技能或做一些能刺激你進步的事。
- **改變**：這是沒熱情但有成長的狀態。你雖在前進，卻不是真的在乎。你不喜歡生活的這個領域。你或許感覺漠然、恐懼或枯燥。你心不在焉，需要專注於重新點燃熱情，著迷於從前未曾留意的事物，或者用某種方式與這個領域之中的重要之事建立聯繫。
- **天賦**：這是既感到有熱情，同時又有成長的狀態。這是你的人生帳戶之一所能達到的最佳狀態。若你處於這種狀態，可能會感到滿足且感激。你希望這狀態永遠不會結束。你需要搞清楚自己是如何抵達這一步，才能繼續下去，甚至把它提升到一個新的境界。

完成人生評估，為的是要提供你一個基準，讓你在生活的各個領域中，從當前位置邁向理想的目的地。當我們進入第6章「規畫路線」時，將會用到這些資料。

但是，要回答「對你來說什麼最重要？」這個問題，我們還需要採取下個步驟。

排序帳戶

大衛在一間跨國企業工作，公司希望他調任到香港。這是很大的升遷，也是職涯上的一大步，但也伴隨著不小的代價。要是這麼做，他就必須離開家人兩年。當然了，他可以每幾週就回家一次，累積的飛行里程數甚至讓家人來探望變得更容易。但這無法改變這個事實：每個月有二十六個夜晚，身為父親的他都在另一個大陸。若他離開家這麼久，誰都能猜到，孩子們長大之後可能根本不在乎爸爸是否在身邊。

就在這個邀約到來的同時，他也收到了另一個機會。雖然沒有那麼吸引人，但也很不錯，而且不需要搬家。但由於他不清楚自己的優先事項，大衛很難抉擇究竟該選擇哪個職位。

當你的人生出現這樣的選擇時，最好的答案是什麼？想獲得解答，首先要快轉你的人生電影。假如你把四處飛行的高端生活擺在家庭之上，結果會怎麼樣呢？大衛看到了電影的結局，選擇了留在當地的工作。

我，丹尼爾，也做了同樣的選擇。在我信貸業的職業生涯巔峰，獲得了一次巨大的升遷機會。伴隨而來的是大量的出差，每個禮拜有兩到三天我都在搭飛機，前往美國西部各地指導和培訓我們所有分公司的主管。那時我才剛滿三十歲，正被培養成公司的高階管理人員。從事業和收入的角度來看，我的未來比我曾經想像得還要璀璨。

接下來，我發現自己正在追尋錯誤的事。我有個美麗的妻子和三個年幼的孩子，比起公司，他們更需要我。我很清楚自己的優先事項，但我投入到每個領域的時間卻亂了套。在某些帳戶中，我正邁向真正的富裕，但其他帳戶卻破產了。我的優先事項完全失衡了，意識到這點後，決定第一次休長假。這次休假持續了一年，並帶來了我人生中最重要的一些改變。其中一個變化就是，我創立了建構出本書內容的教練公司。

制定優先事項，這點不可忽略，同時也要排列好正確順序。是時候將你的人生帳戶清單按照優先順序排列了，從最重要排到最不重要的。當然，所有帳戶都很重要，否則它們就不會出現在你的清單上了，但並非所有帳戶都一**樣**重要。

舉個例子，你的事業雖然很重要，但可能不比家庭更重要。然而，有太多人彷彿都將工作當成了最高優先事項。替人生帳戶排列順序，能夠迫使你面臨關鍵時刻時，決定什麼才是最要緊的。而這些關鍵時刻是無可避免的。

在每個人生帳戶旁邊標記一個編號，表示它在你的整體帳戶中的優先順序。例如，海蒂的優先順序清單如下：

1. 約拿和葛蕾絲
2. 伊恩
3. 我的姪子姪女們
4. 兄弟們和嫂子們
5. 父母
6. 同事
7. 朋友
8. 社區
9. 大家庭

葛雷格的清單如下：

1. 上帝
2. 自己
3. 泰瑞
4. 亞歷斯和米雪兒
5. 我父母和手足
6. 事業／牧師職責
7. 朋友
8. 財務

順序取決於你，這將會成為你的人生計畫。問問自己：「我的清單中最重要的人生帳戶是哪個？哪個是我無論如何都不願犧牲的？」

我們建議，將和自己有關的人生帳戶排在清單的前面。對你來說，這可能是單一個帳戶，或者是我們之前建議的三個獨立帳戶（例如：精神、智識和健康）。原因很簡單：除非先照顧好自己，否則無法照顧其他人。

如果你曾搭過飛機，肯定聽過空服員說類似這樣的話：「如果機艙壓力產生變化，頭頂上的面板會打開，掉出氧氣罩。」如果你經常旅行，或許能夠背出剩下的內容：「拉下面罩以啟動氧氣流通，將面罩蓋住口鼻。將彈性拉繩繞過頭部，並繼續正常呼吸。」接著他們總會這麼說：「記得先戴好自己的氧氣罩，再協助其他人。」

為什麼？因為要是你缺氧了，就誰也幫助不了。這也反映了我們對生活的看法，必須先照顧好自己（對我們來說，僅次於上帝），才有能力在精神、情感、智識和健康方面去照顧他人。

如果你不太明白「把自己擺在第一位」這句話的意思，可以將其視為服務他人之前需要的準備。例子如下：

- 如果你在精神上沒有獲得滋養，就無法帶給他人力量。這就是為什麼我們每天努力讀聖經並禱告。
- 如果你沒有照顧好自己的身體而生病了，就無法好好照顧家人或同事。這就是為什麼我們要按時運動，並吃得營養。

- 如果你沒有花時間閱讀好書，就無法擁有可以與他人分享的知識資源。這就是為什麼我們努力每個月至少讀一本書，並在運動或旅行時聽有聲書。
- 如果你沒有努力處理自己的情感創傷，就會被他人牽著走，而無法真正幫助他們。這就是為什麼我們要定期檢視情緒，拔除內心任何可能萌生的苦毒因子。
- 如果你沒有足夠的休息，就會變得易怒，沒有人會想要待在你身邊。這就是為什麼我們盡量每晚睡七個小時以上。此外，我們也希望以身作則，示範如何好好照顧自己，讓我們所帶領的人也懂得照顧自己。

人難免會有需要自我犧牲的時刻，但遺憾地是，有些人隨時都將自己擺在優先清單的最下面。這是個很糟的做法，因為當你的基本需求得到滿足，且「油箱加滿」時，才能更好地服務他人。

維持帳戶收支平衡

這一章可能會讓你覺得，生活有一些還需要再調整的問題。確實有！我們經常自欺欺人，把注意力集中在一個人生帳戶上，而忽略了其他帳戶。發生這樣的情況時，其他帳戶遲早會透支。同時出現太多這樣的狀況時，你就像是「破產」了。

一個按優先順序排列的清單，可以確保這種情況不會發生。這並不代表你某個帳戶的餘額不會偶爾下降或透支，不過只要其他帳戶保持正餘額，你就有辦法應對。而且，什麼樣的帳戶狀況算是成功，這點由你來定義。在下個章節，我們將學習打造行動計畫，確保我們的帳戶餘額為正且持續成長。

第6章

規畫路線，移動到理想未來

「請你告訴我，我現在該走哪條路？」

「這要看你想去哪裡？」柴郡貓回答。

「哪裡都行⋯⋯」愛麗絲說。

「那麼，那麼你走哪條路都無所謂。」柴郡貓這麼說。

——路易斯・卡羅（Lewis Carroll），

《愛麗絲夢遊仙境》（*Alice in Wonderland*）

過去大約十六年來，我（丹尼爾）一直都有參加北美最盛大的接力賽跑，天涯海角接力賽（Hood To Coast）。超過一千支隊伍從林木線旅館出發，旅館位於奧勒岡州雄偉的胡德山海拔六千英尺處。跑者不間斷地奔跑將近兩百英里，穿過幾座小城市、農田、丘陵，經過波特蘭，然後橫越沿海山脈，終點線位於太平洋（精確來說，是在濱海沙灘上）。大約會有五萬人聚集在那裡，一同慶祝這場壯舉。

整段路程上有數百名志工，你可以下載應用程式確保自己不偏離賽道。但一九九〇年代晚期我第一次參加時，志工很少，也沒有應用程式可以用。跑者只會拿到一張標有里程數以及主要街道的地圖，就這樣。

有一次，凌晨三點半我看了地圖後，便出發開始三趟跑程中的第二趟，我很清楚該往哪個方向跑。月光照耀之下，我踏著愉悅的步伐，感覺真是好極了。突然間，三名跑者出現在我身後，他們錯過了轉彎處。我大喊道：「嘿，你們沒有轉彎！」他們慢下腳步，我認出其中一位是幾年前奧勒岡州立大學田徑隊的成員。他們說他們的路徑是對的，並說服我加入一起跑。

從這裡開始，你知道故事的走向了。

大約十五分鐘，跑了兩英里後，他們開始心生疑惑。我們放慢腳步，最後停下來討論該往哪個方向前進。我的恐慌和挫折感加劇了，尤其因為我知道我會讓自己的隊伍失望。我可以想像在交棒處等待的他們，因為我們沒有準時出現而擔憂——晚超過三十分鐘出現在交棒處，通常代表大事不妙。

釐清自己想要前往的地方，是人生計畫中最關鍵的要素之一。要按時完成比賽，了解路線至關重要。如果我們不清楚自己前進的方向，可能會受到其他出於好心的人，或是令人振奮的機會影響，然後做出後悔的決定。

指導客戶時，其中一個核心練習是替他們的企業撰寫一份清晰且引人注目的願景。如此，釐清目的地並立足於當下的現實時，就有能力做出最佳決策。我們相信生活上也是如此。

如第2章所說，人生計畫是三個核心問題的解答。我們已經回答了前兩個問題，所以現在，是時候回答第三題了：**如何從這裡，抵達想去的地方？**換句話說，該如何正確規畫將踏上的路程？我們建議將每個「人生帳戶」拆解為五個部分。

第1部分：目標宣言

在這個部分，你要替每個人生帳戶列出目標，那該怎麼決定？這樣想吧，想像你被**指派到**這個帳戶，你的主要職責是什麼？你的角色為何？這就是你的目標。

舉例來說，瓊恩在他的健康帳戶裡寫下：

我的目標是要維持並照顧上帝賜予我的神殿。[2]

茱恩在她的配偶帳戶裡寫下：

我的目標是要成為安迪一生的摯愛、他的首席啦啦隊員以及他的靈魂伴侶。

斯圖亞特在友情帳戶裡寫下：

我的目標是要跟一些人做朋友並好好愛著他們，反之他們也會愛我、挑戰我並讓我負起責任。

第2部分：期望的未來

在這部分，要描述當你擁有「正淨資產」時，會是什麼樣子。在金融帳戶中很容易看出來，如果數字是正的，那很好，但如果是負的（或赤字），那就糟了。而在人生帳戶，你必須做更多努力。要描述出此帳戶最理想狀態的樣子，就像它已經成為**現實**。這點很重要，為了幫助你預設未來，我們建議你採取以下步驟：

- **站在未來**：人們很擅長想像自己在某個地方，任何地方，除了當下之外。我們重提過去，沉迷未來，這經常令人感覺像個詛咒。我們很難活在當下，不過，讓我們將這個時光旅行的習慣化為優勢吧。將你自己投射在未來某個時間點：可能是三或十年後，任何時間都可以。重要的是，要身歷其境自己在未來那個

2 譯注：temple有神殿、寺廟之意，亦有身體之意。

時間點的樣子。你前往未來了嗎？很好。接下來，請你繼續待在那裡。

- **讓想像力為你工作**：大多數人都用了錯誤的方式想像未來。我們經常滿心憂慮地想像一個嚴峻的未來，其實應該要有意識去想像積極的遠景。若你有辦法想像一個未來，就有辦法想出一個更好的版本。
- **運用五感**：開始想像未來時，畫面越具體越好。你需要聽、看、聞、品嚐和感受。越能做到這些，畫面就越有說服力。首先描述你看到的景象，像是有些公司會製作短片來激勵員工、顧客和投資者，讓對方瞭解若使用該公司的產品，未來會是什麼樣子。康寧公司（Corning）製作了一系列名為「由玻璃組成的一天」（A Day Made of Glass）的影片[3]，微軟則製作了「生產力未來願景」（Productivity Future Vision）[4]。你可能無法將心中描述的願景變成一部短片，但請讓自己的感官畫面生動且清晰。
- **記錄看到的一切**：寫下來，能使我們搞清楚心中想法。不騙你，這是一項艱難的任務，可能是制定人生計畫最困難，也最重要的部分。你不需要做到完美，但必須把它寫下來。一旦這麼做，就能隨著時間來調整和修改。一切都始於你開始**動筆**那一刻。

- **使用現在式**：為了盡可能讓假想的未來真實且有說服力，要用現在式描繪，就好像你已經抵達未來一樣。

舉例來說，與其說：

我想要變得苗條又強壯，擁有健康活力和絕佳的體能。

不如說：

我苗條又強壯，擁有健康活力和絕佳的體能。

你有看出區別嗎？或者，與其說：

我將會擺脫債務。我想要擁有六個月的緊急基金。我想要實現財務自由，這樣即使沒有額外收入，也能維持目前的生活方式。我希望自己擁有履行義務和實現目標的所有資金。

3　編注：可到以下網址觀看此影片，LivingForwardBook.com/corning

4　編注：可到以下網址觀看此影片，LivingForwardBook.com/microsoft

不如說：

我完全沒有債務。我有一筆六個月的緊急資金。因為我財務自由了，這樣即使沒有額外收入，也能維持目前的生活方式。我擁有履行義務和達成目標的所有資金。

每組表達方式之間的差異很微妙，但卻是我們正在進行的事情的核心。幻想未來本身沒有多大好處，但當清晰且具有說服力的畫面浮現時，我們的大腦就會忙著將它轉變為現實。我們試圖縮短現在和所預見的自己之間的距離，積極制定計畫和下一步行動。真正重要的是，我們要相信自己能實現目標。倘若相信自己，就連潛意識都會開始工作、解決問題並引導我們到對的焦點。我們信念和信心越強，就越可能為了實現目標做出改變[1]。

執行這五個步驟後，我（麥可）在健康帳戶中寫下這段話：

我苗條又強壯，擁有健康活力和絕佳的體能。我的心臟強健、動脈柔韌且沒有阻塞。我的免疫系統良好，有抗病、抗發炎、抗過敏的能力。我有足夠精力完成承擔的任務，因為我能夠控制我的內在重心、一週運動六天、選擇健康的食物、補充需要的保健品，並且有足夠的休息。

我（丹尼爾）在健康帳戶裡寫下：

六十五歲的我身材苗條、健康，能從胡德慢跑到海邊、衝浪並與我的孫子們玩耍。我擁有最活躍的精力並保持這種狀態，直到去世那天。

第3部分：鼓舞你的名言

尋找一句與你未來目標核心契合的名言吧，可以是你認為有啟發的一句話。你不一定要這麼做，但有些人會發現這相當有用。這句話可以是一首詩、一句諺語、名言，任何你認為有說服力的話都可以。

蘇珊在她的工作帳戶引用了勞倫斯·傑克斯（Lawrence Jacks）的一句話：

在生活的藝術中，高手幾乎不區分工作和娛樂、勞動和休閒、精神和身體、資訊和娛樂、情愛和宗教。他幾乎分辨不出哪個是哪個。無論做什麼，他追求的僅僅是卓越的願景，是在工作還是玩樂都是別人定義的。對他自己而言，總是兩者兼顧[2]。

約翰在他的健康帳戶裡引用了喬伊斯・梅耶爾（Joyce Meyer）的話：

我相信，你能給家人和這個世界最好的禮物，就是健康的自己。

我（丹尼爾）在自我提升帳戶中，引用了《箴言》（*Proverbs*）裡的話：

讓你的耳朵傾聽智慧，讓你的心嘗試理解[3]。

這沒有對錯之分，重要的是找到能激勵**你自己**的話。

第4部分：現狀

現在，是時候對自己誠實了。現在，你和你期望的未來相差多遠？請老實說出來。你越是誠實，就能看見更多成長。但也不要灰心，人生計畫的核心目的是要超越你當前的處境。

我們建議一切從簡，條列出一系列要點。試著寫下心中的第一個想法，不要過度分析。例如，這是我（麥可）之前在健康帳戶寫下的：

- 我感覺很棒。我的體力很好，而且我已經很久沒生病了。
- 我滿意我的體重和整體健康狀況。
- 我每週跑步（或交叉訓練）四天，每次至少六十分鐘。
- 我目前並沒有持續進行重量訓練，有點擔心這會影響健康（我知道隨著年齡增長，重量訓練尤其重要）。
- 我吃得很健康，但應該要更避免高升糖指數的碳水化合物。

我們還會分享更多，但老實說，這有點太私密了。你也應該保有你計畫的隱私。這不是為了給觀眾看的，會希望它保持真誠，所以只會和一、兩個人分享，像是你在生活中需要負責任、擁有特殊地位的人，或是教練。

第5部分：具體承諾

在這部分，你將承諾會做出具體的行動，從現狀移動到期望的未來。同樣地，我們建議條列出要點。

雖然這些承諾不完全是目標，但功能就跟目標一樣，應該要是**SMART**的。這個縮寫被廣泛使用，不同的老師對其有不同的解釋。我們建議你的具體承諾要達到以下五個標準：

- 具體（Specific）：你的目標要明確定義出承諾要做的事，盡可能具體。我們說的是你可以安排的、無商量餘地的行動。要清晰到你能付諸行動，然後直接加到行程表。

- 可衡量（Measurable）：俗話說：「你無法管理不可衡量之事。」如果可以，請量化結果。你需要知道自己是否確實履行了承諾。
- 可行動（Actionable）：每項承諾要用動作動詞開頭（例如：離開、經營、結束、消除等），而不是用存在動詞（例如：是、將要、有等）
- 實際（Realistic）：在這裡要很小心，一個好的承諾應該要能激勵你，但也需要合乎常理。
- 有時間限制（Time-bound）：每個承諾都需要有時間限制。承諾不像目標，不需要有截止日期，但應該標明執行的頻率，就算頻率不明確，也應該要大概說明。

我（麥可）在健康帳戶中寫下了這些特定承諾：

- 每週跑步（或交叉訓練）四天。
- 每週做三次重量訓練。
- 每天喝四公升的水。
- 按照《邁阿密飲食法》（The South Beach Diet）的建議，選擇健康的食物。

- 每天在MyFitnessPal紀錄吃下的食物（這是個能追蹤卡路里以及運動量的應用程式）。
- 每年一次健康檢查，每半年一次牙齒檢查。

我（丹尼爾）在為雪莉而設的帳戶中寫下這些：

- 每晚睡前和雪莉一起禱告。
- 每晚花至少半小時交流，利用這段時間鼓勵、尊重、支持、接納並愛她，保有無干擾的眼神交流和傾聽時光。
- 每週都和雪莉約會。約會可以是共享早餐、午餐或晚餐，或是晚上一起出門，但只有我們兩人。每週一下午固定約會，加上一次約會之夜。
- 每個月帶雪莉外出過夜旅行一次。
- 邀請她一起共度我在海邊的安息日，安排照顧好孩子，這樣她就可以加入了。
- 幫助她安排她和艾利、雪莉兒以及塔莉雅的假期。
- 六月一日前計畫好一個特別的結婚紀念日。

• 每日透過浪漫和親密互動來贏得她的心。

要了解完整的行動計畫長什麼樣，這裡有一些例子。但要記得，這些都只是提供方向，而不是絕對的規則。我們提供這些範例，讓你能更加了解如何規畫自己的行動計畫。

以下是莫妮卡的休息帳戶：

➤行動計畫

戶名：休息

目標宣言：

我的目標是要和我的內心，以及我的家人建立連結，不讓繁忙的工作擠壓掉最重要的事。

期望的未來：

我在晚上、週末和休假時好好充電，確保我能夠以最佳狀態幫助最需要我的人。我能夠掌控自己的行程，透過每晚的個人和家庭時光恢復活力。縈恩和我每一季都會安排一次週末假期共度兩人時光，也會在春節和秋假時帶孩子一起旅行。

鼓舞你的名言：

「我們每個人都需要擺脫那些離不開我們的憂慮。」

——瑪雅・安傑洛（Maya Angelou）

現狀：

- 我晚上工作太多了，雖然還能抽出時間陪孩子，但花在電子郵件的時間比陪縈恩的還多。
- 我每晚都只睡五到六個小時。
- 我大致上能做到週六和週日不工作。
- 我會帶午餐到公園，這讓我有機會暫時休息充電。

- 去年榮恩和我只有兩季有去旅行。

具體承諾：

- 將晚上處理電子郵件的時間限制在十五分鐘內。
- 把夜間睡眠延長到七小時，並堅持下去！
- 天氣允許的話，繼續帶午餐到公園享用。
- 至少提前三個月安排和榮恩每兩週一次的約會之夜。
- 提前一年安排與榮恩每季一次的度假，要在十月十五日之前完成。
- 每週六的下午一點到三點用來睡午覺。

以下是馬克的財務帳戶的行動計畫：

➤ 行動計畫

戶名：財務

目標宣言：

我的目標是要好好管理我的財務資源。

期望的未來：

葛雷茜和我從來不需要為錢煩惱。我們謹守預算，並預留用來享樂的「娛樂基金」。我們沒有債務且經濟獨立，擁有足夠的資源來應對當前的義務並實現長期目標。我們有六個月的生活費作為緊急基金，以防其中一個人失業。錢不僅自己夠用，還能慷慨捐款給我們喜愛的慈善機構。

鼓舞你的名言：

「你必須掌控金錢，否則金錢將永遠掌控你。」——戴夫．拉姆齊（Dave Ramsey）

現狀：

- 我們設定好，也有遵守預算。
- 我們每個月捐出收入的百分之十。

- 除了捐款和401(k)退休金計畫，所有收入幾乎都用於每月開銷。
- 我們存了兩個月的生活費，作為緊急預備金。
- 我們明年初需要買輛新車，但目前只存到六千八百美元。

具體承諾：

- 年底前，讓緊急預備金再增加一個月。
- 下個月開始，每月支出至少減少兩百美元，並將其納入緊急預備金。
- 持續每個月存兩百五十美元，作為買車基金。
- 繼續每週日晚上八點到九點和格雷茜開會，檢討預算和開支。

請替你的**每一個**人生帳戶制定這樣的行動計畫。

小小改變，大大成就

我們的朋友、作家和首席教練亨利・克勞德（Henry Cloud）博士千辛萬苦完成他的博士論文的同時，有人送給他一個螞蟻農場。這是一個古怪的禮物，但他還是把它擺好了。沒過多久，他的螞蟻開始在玻璃飼養箱裡來回搬運沙子。

一開始，他不清楚螞蟻為什麼要這麼做。但離家幾天後回來，看見成型的隧道和建築物，他就懂了。克勞德說：「沒過多久，整座螞蟻城市就完成了。」每一隻螞蟻，一次搬一顆沙子，最終建立了一座奇觀[4]。

這是克勞德完成論文需要的靈感（也是指引），同時也是我們可以學習的一課。在你寫行動計畫時，很容易低估循序漸進的力量。有些人認為，必須要做出很大的動作，才能達到重要的成果。

有時確實需要大步向前，我們也有過用這種方式取得成果。不過，要是我們把目標設定太過艱鉅，反而會失去動力，甚至還沒開始就放棄。千萬別犯下這種錯誤！或許你的挑戰跟克勞德一樣，要完成一篇論文，也可能是一個重大的減肥目標、儲蓄目標、打好高爾夫，或是學習一門外語。無論目標是什麼，每天投入小小的努力，都能帶來大大的成果。就像每天都只需稍稍搬動一顆沙子。

以下是一些例子，幫你激發創意：

- **減肥**：幾年前，我（麥可）六週減掉了十一磅，還有一位朋友一年減掉超過八十磅。我們倆都是使用LoseIt這個免費的iPhone應用程式來達成目標。我們沒做什麼，只是記錄每天吃的東西。透過了解自己吃了什麼，做出更健康的飲食選擇。每天小小的決定加起來，或者應該說，「減起來」的重量很可觀！
- **健康**：我（丹尼爾）有一位摯友，他是全國名列前茅的五十歲以上年齡組鐵人三項選手。但他體能不是一直都這麼好。七年前，他甚至從未跑過馬拉松。我幫他完成了人生第一場馬拉松，隨後有更多的比賽接踵而來。藉由調整日常行程，為跑步、游泳或騎單車預留時間，最終成功挑戰了夏威夷鐵人三項。循序漸進地調整他的例行公事，這麼做改變了他，也改變了他的健康狀況，甚至是婚姻——他的太太現在也一起參賽了。
- **提升獲利**：在我（麥可）曾經負責的一個出版部門，我們決定十二個月內要將利潤率提升二%。我們將這個目標細分為每季提升〇．五%。將目標拆成可執行的小步驟，使我們能夠採取非常實際的手段。透過精確的價格調整和成本控制，那一年，我們團隊的淨利潤增加了超過一百萬美元。
- **還清債務**：我們有一位朋友，想要清償所有個人債務。她沒有做任何大動作，只是建了一個預算表、抓住機會賺外快，並減少買高級咖啡和其他非必要支出。利用拉姆齊的「滾雪球還債法」，她先還清了最小的債務，然後逐步解決較大的債務。不到十二個月，她總共還清了一萬五千美元。

- **婚姻**：大約十年前，雪莉和我（丹尼爾）有了我們的第四個孩子。我們結婚十五年了，最大的孩子已經是個青少女。如果說我們這季的生活很充實，那真是太輕描淡寫了。可惜的是，我們之間的聯繫不再像早年那樣緊密。因此，我們決定開始在週一的午餐約會。這段時間讓我們同步彼此的生活，聊聊這週的計畫、孩子，和其他日常的安排。我們因為在午餐時間處理完生活方面的瑣事，得以享受更加豐富的約會之夜。九年過去了，我認為正是每週的約會習慣，讓我們的婚姻保持健康穩固。

我們相信，只要你願意明確訂出自己的承諾，並循序漸進地投入，就幾乎可以達成任何目標。每天的小決定和調整，構成我們生活的故事，所以如此重要。行動計畫將幫助你有意識地利用循序漸進的力量。

第 7 章

人生計畫日，最重要的二十四小時

人心懷藏謀略，好像深水，惟明哲人才能汲引出來。[1]

——索羅門（Solomon），《箴言》

想像我們現在站在湖邊，旁邊停著一輛休旅車。後車廂開著，裡頭有個大箱子。來吧，湊近點看看，你會發現裡頭堆滿了百元鈔票。為了省去數鈔票的麻煩，我們直接告訴你吧，箱子裡有三百萬美元。

這麼多現金當然很重了，尤其是加上防水箱子的重量。我們把箱子蓋好，請你幫我們一起把它抬上船。

我們向你道謝後，划著小船往湖中央前進。雖然有段距離，但你仍然看得一清二楚。我們一人抬一邊把箱子舉起，然後，你簡直不敢相信自己的眼睛——我們把它扔進了混濁的水裡。幾分鐘之後，我們回到岸上，把船留給你，跟你握手道別，接著開車離去。

現在，你會怎麼做呢？

你很可能會立刻掏出手機，搜尋最近的潛水店，同時死死盯著我們剛剛丟下錢箱的那個位置。無論你原本有什麼計畫，都無關緊要了。取消所有會面、延後會議、來電都不接了。支出報告、待辦事項、電子郵件，全都忘了吧。你的行程表剛剛有了變化。如果你知道三百萬美元的所在位置，將會拋下一切去找尋它。

如果你移開目光，如果你離開一下再回來，如果你被附近不知什麼東西吸引了注意力，可能就會錯過那箱錢，錯過機會。人生計畫也是如此。讀到這裡，我們已經分享了制定人生計畫所需要知道的一切。但你越是拖延，越可能錯失這筆寶藏。現在，就是你行動的時機。

如果你聽過著名的商業和人生導師吉姆．羅恩（Jim Rohn）的「動機遞減法則」，就會明白這點為何如此重要。動機遞減法則表示，越是拖延做某事，實際完成它的可能性就越低。你會失去所有情緒能量。這就是為什麼我們鼓勵你在接下來的兩週內，預留一天，專心制定你的人生計畫。

這不是一件能夠利用零碎時間、慢慢完成的事情。在本章，我們會解釋為何必須先擱下其他事情，空出一整天的時間。為了這重要的一天，我們也會提供你正確的方法和準備，但最重要的是要記住，這一天可能會改變你的一生。

為什麼要空出整整一天

歷史的走向，往往在某一天改變。一七七六年七月四日，五十六位大陸會議代表通過了《獨立宣言》，改寫了世界歷史。一九四四年六月六日，盟軍登陸諾曼第，展開了解放歐洲的軍事行動。一九六三年八月二十八日，在金恩博士有遠見的領導下，超過二十五萬名美國人走上華盛頓街頭，為一九六四年的民權法案鋪了路。

一天即能改變一切。對國家和個人來說都是如此。回想一下你畢業典禮、婚禮或升遷那天，或者是那些不太愉快的時刻：癌症確診、婚姻告吹，或是摯愛之人的離世。無論好事或壞事，有些日子對未來的影響比其他日子來得更大。

創立第一份人生計畫的那一天尤其如此。如果做得好，這個行動不僅會影響你的一生，還可能影響未來幾代人的生活。你會啟動一連串的決策與行動，影響深遠，遠超乎你的想像。

儘管這件事非常重要，有些人卻猶豫不決，不願花上一天的時間來進行這項練習。他們認為，**誰有那個美國時間啊？**於是他們想分幾天或幾週的慢慢完成人生計畫。然而，指導了成千上萬的人完成人生計畫後，我們可以告訴你，這種方法是無效的。最好的辦法，不是每週抽一個時段，也不是切成兩個半天，而是需要**完整的一天**，才能做對、做好。

索羅門說：「人心懷藏謀略，好像深水，惟明哲人才能汲引出來。」就像湖中的那個箱子一樣，我們內心深處也有著計畫和渴望。但可惜的是，大多數人從未成功將它們打撈上來，也就無法活出那份內在的豐盛。他們分心了，被打斷，最後放棄了。只有智慧之人能找到那份寶藏。

我們已經提過那句意義深遠的希伯來經文：「求你指教我們怎樣數算自己的日子，好叫我們得著智慧的心。」你並沒有無限的日子來改變摯愛的人、家人、朋友，以及這個世界。真正有智慧的人，知道自己的時間有限，並且依此展開行動。

如同先前所說，人生計畫需要有吸引力。它必須觸動你的內心，而不僅僅是影響你的頭腦。否則，你最後只會得到一個華麗的待辦清單。誰需要再多一份這樣的清單呢？想要有吸引力，你需要投入全部身心到這個計畫的整個過程中。你無法零散地執行這個過程。如果你在週五下午兩點到三點之間寫下你的悼文，但一直到下週四才動筆思考人生帳戶，那麼你將會失去前一個練習所帶來的情感力量。

不，這麼重要的事，值得一次深度的體驗。生活充滿各種令人分心的事。人生計畫需要你將注意力抽離其他事項。思考你的人生，整段人生，和解決日常待辦清單是截然不同的問題。這需要一定的準備時間，需要你全神貫注。你需要一整天來進入狀態，真正思考自己走過的路，又想走去哪裡。

這不只是動腦筋的練習，若你試圖在幾個小時內完成，而不是給它所需的時間，那麼等於是在這個創意過程中抄小路。根本上來說，人生計畫就是在想像一個更美好的未來。它關乎突破有限制的信念，挖掘最深層的渴望，並站在可能實現的機會之中。你需要時間打造每一個人生帳戶，看看它們與整個人生的關係為何，並想像它們的可能性。

重點是：這會是你一年之中最重要的一天。如果你想評估生活中的各個層面，那就值得全心投入。全力投入，才有最大的改變。我們現在要請你做個決定：你是否願意撥出整整一天，從早上八點到下午五點，專心打造你的人生計畫？你願意嗎？

別再說「可是」

那些不想承諾會花一整天時間的人，通常都會找以下五個藉口。我們想直接擊破這些藉口，以免你們不小心脫口而出。

- **可是我太忙了**。這是所有人不想做某事的萬用藉口。你很忙。大家都很忙，我們懂。但人們其實會為對自己重要的事騰出時間。真正的問題在於，你是否認為人生計畫很重要。你越是忙碌，越需要有意識安排時間。否則，漂流到一個你未曾選擇的目的地的風險會提高。

- **可是我負擔不起**。或許你的工作沒有休假或是帶薪假。承諾用一天的時間安排人生計畫代表會失去收入，或至少損失了其他機會。你很想付出一整天打造計畫，但是代價太高了。其實，首先你不需要在工作日做這件事。平常任何一天休息日，都可以是執行這件事的絕佳時機，搞不好你根本不需要請假。如果需要的話，我們鼓勵你將此視為一項**投資**，而不是一筆開銷。還有什麼比為你的人生制定一個遊戲計畫，更值得花時間呢？
- **可是我不是作家**。人生計畫不是小說，這份文件不會出版。事實上，你甚至不需要**讓任何人**讀（不過你可能會想和好朋友、教練或是能幫助你實現目標的人分享），這純粹是為了你自己。只要有想法，就可以寫下來，把腦中的想法全部倒出來就行，無論是寫在紙上或打在電腦裡都可以。
- **可是我的老闆不允許**。你不需要得到老闆的許可。如果你把這天當成休假日或個人時間（帶薪假），他們不會介意的。當然，如果他們接受這個概念並相信這將帶來更高的生產力（詳見第10章），可能會很樂意提供這段時間，甚至允許你在工作時間內完成它。

- **可是我的配偶不同意**。如果你的配偶不希望你把假日拿來做人生計畫，那是因為他們（還）不理解這份計畫的價值。事實上，你的配偶將會是最直接立即的受益者。但與其試圖說服你的伴侶，不如推薦他或她閱讀這本書，然後一起想辦法安排一天的時間。

現實是這樣的：任何值得的事情都會遭到反對。史蒂芬·普雷斯菲爾德（Steven Pressfield）稱此為「阻力」[2]。每當你嘗試進步，或著處理一個重大計畫，都可以預期會遇到阻礙。制定人生計畫也不例外。有時候阻礙來自外部，但更多時候是來自自己的內心。無論如何，關鍵是要釐清**為什麼**，為什麼期望的未來能吸引到你，你才會願意克服阻力，達成目標。

為計畫日做好計畫

你的人生計畫日有沒有成效，很大程度取決事前準備是否到位。我們建議你採取以下五個行動。

1. **在行事曆上預留時間**：如果你等有空才來安排，那就永遠不會開始了（別問我們怎麼知道這的）。那時，你可能也已經失去急迫感了。別忘了，事先安排好的事情才會被完成。

在你的行事曆上安排一個「人生計畫日」，並像對待重要的承諾一般對待，因為它確實很重要！如果那天有人想約你，可以理直氣壯說：「不好意思，那天我有安排，改個時間怎麼樣？」

2. **決定目的地**：你必須遠離熟悉的環境。這點很重要，你需要遠離各種干擾。在辦公室或家裡做計畫，不是一個好主意。你需要轉換一下視角，就必須改變一下環境。話雖如此，你也不用去到一個充滿異國風情或是奢華的地方。我們曾經在州立公園、廉價的飯店房間、公共圖書館，以及朋友的度假小屋裡完成人生計畫。

我們認識一位名叫貝絲的女士，她會去便宜的海濱度假中心。她發現海灘能讓她完全進入反思和計畫的狀態。一天的休息過後，她神采奕奕地回來，準備好迎接下一年。

還有另外一位叫做理查的男士，他會去四季酒店做計畫。他花整天的時間計畫，然後邀請太太共進晚餐，度過一個沒有孩子的夜晚。第一次這麼做時，他的婚姻狀況不甚理想。自此之後，他讓婚姻重新回到了正軌。

雖然我們偏好在戶外進行，但並非隨時有辦法這麼做。重點是要找到一個安靜、不會受打擾的地方。那地方還需要讓你感到愉快、能激發你的創造力、敏感度，並讓你願意聆聽內心深處的渴望。

3. **攜帶必要的用具**：你不需要太多，但會用到幾項物品，首先是寫作工具。這些工具可以是原子筆、記事簿或手帳本，比如Moleskine的筆記本。有些人發現，寫作真的能讓腦袋和心靈產生連結，並幫助他們大膽作夢。其他人則偏好使用筆記型電腦。我們已經在LivingForwardBook.com網站上提供了適用於Microsoft Word和iWork Pages的模板，選擇你覺得最自然的方式即可。

確保你帶上所有能讓你集中注意力且身心舒適的必需品：適合環境的衣物、水、零食等。你也可以選擇一些背景音樂來激發你的靈感，很多人覺得電影原聲帶和Focus@Will的播放清單特別有幫助。

4. **堅持保持離線狀態**：沒有手機、網路、應用程式，什麼都沒有，除了那些用來寫人生計畫的東西。我們邀請你做出離線一整天的決定。

我們知道這有多困難，我們也很難抗拒網路的誘惑。但是我們向你保證，離線不會要了你的命。剛開始的第一個小時可能會有點困難，因為你會不自覺想檢查電子郵件或各個社群媒體。但只要堅持下去，那股衝動就會消退。這樣做能讓你的心靈得到解放，去做一件多年來未曾做過的事：**專心**。

保持離線狀態將使你能深入的思考和反思。對於打造一個既鼓舞人心又實用的人生計畫來說，這點至關重要。如果你選擇快速檢查一下電子郵件，就無法做到這一點。這些干擾會讓你無法深入挖掘，找出真正可望的以及實現它的方法。

5. **讓你的家人和同事知情**：你的家人和工作夥伴自然會需要你，或許你習慣即時回應，但很少有需求沒辦法等八到十小時。

關鍵是要提早告知他們，你會暫時聯繫不到。你不需要提供太多細節，只需要說明大部分的時間都無法找到你。根據你不在帶來的影響程度，你甚至可以在失聯之前與他們見面，回答任何問題或處理任何事宜，還可以為任何緊急情況制定備案。

替人生計畫日做準備時，你可能還會想做其他事情，但這五個步驟應該能讓你順利開展了。重點在於，保持有意識與深思熟慮來面對這一天。

放大二十四小時

現在，這個重要的一天來臨了。這可能是你人生至今最關鍵的日子之一。你準備好開始了嗎？以下是我們從自身經驗，以及指導他人的過程中，所整理出的一些最佳實踐方式。

檢視你的態度

真正開始寫之前，我們想討論一下你進行這項練習的心態。無論現況為何，我們都建議你有意識地轉變態度，培養感恩、期待和開放的心。

感恩是一切正面態度的起點。當你開始心懷感激時，憤怒、恐懼和悲傷這類負面情緒會逐漸消散。你現在能對什麼事感到感激呢？感謝一切你能想到的事，你的健康、家人、工作、朋友、社群，什麼都可以。即便你的某個人生帳戶狀況已經糟到不確定能否補救，也要找出一些感激的事物。心懷感恩，你便能夠擁有豐富而非匱乏的心態，去打造人生計畫。根據我們的經驗，除非人們已經學會感激自己現有的事物，否則很難獲得更多。

期待恰恰是恐懼的反面。這代表你全心投入這次體驗、擁抱它，並全力以赴。在人生中，往往會得到你所期待的結果。如果你期待獲得見解、智慧、啟發，很可能就會得到它們。而如果你期待無聊、困惑或挫折，很有可能也會遇到這些。你今天的期待是什麼？花些時間察覺你的期待，並在必要時將其調整為積極的心態，這麼做非常值得。

最後，我們建議你要培養**開放的心**。這件事的意義因人而異。一般來說，我們是指你應該要以不帶任何假設的心態迎接這一天。敞開心探索你的直覺，傾聽內心的聲音吧。你正在為它創造必要的空間，讓它合理地表達。敞開心接受驚喜吧！我們獲得過最深刻的見解，往往來自那些最意想不到的時刻。我們從指導過的人身上也聽到了相同的回饋。

提醒自己設立的目標

提醒自己，為什麼會來到這裡呢？這麼做很值得。請專注於成果：當你完成時，希望獲得什麼？你的目標是要按照我們在第4到7章分享的格式，制定一份書面的人生計畫。這份文件可以是五到十五頁不等，大多都少於十頁，但最重要的是，必須適合你。

一天結束時，你至少需要完成人生計畫的三個主要部分的初稿。更理想的是，設定一個目標，預留足夠的時間來檢視和微調你的計畫。隔天，你就要開始實施你的計畫了。除非計畫夠完整，否則沒辦法開始。你這天的目標就是要有一份完整、書面的人生計畫。

信任過程

這點不容易，特別是第一次執行的時候。整個過程並不總是按照預期的路徑。也許你一開始會充滿活力，但中途會卡住，甚至動念放棄。有時會發生這種情況，但不要氣餒，全神貫注投入其中。也有可能情況恰恰相反，一開始你可能會感覺分心或沮喪，難以開始。同樣的建議依然適用：不要氣餒，相信這個過程。

指導數千人完成人生計畫後，我們可以保證，只要你保持投入，一步一步向前走，這一天結束時，你一定能完成一份人生計畫。

聆聽你的心

你將想法寫下時，要留意自己的感受。你剛為某個人生帳戶寫下的內容，真的打動你了嗎？還是讓你沒感覺，甚至很空洞？如果是這樣，不妨考慮其他內容。

我（麥可）卸任湯瑪斯．尼爾森出版集團執行長前不久，進行了我的年度人生計畫日。幾個月以來，我一直感到不安。我感覺似乎有變化悄悄逼近，但同時也很享受現有職位帶來的舒適感。我翻到我的職業帳戶時，寫下了這句話：「帶領公司更上一層樓。」然而，這些文字就這麼靜靜地躺在那裡，我越是看它們，它們就顯得越沒有生命力，也缺乏啟發性。我對這句話**完全提不起勁**。

所以我允許自己做夢。**如果金錢或地位不是問題，我希望自己能做什麼？**幾乎就在那一瞬間，我靈光乍現：當個**全職演說家和作家**。我並不知道該如何實現這個目標，但我知道這是個正確的方向。我選擇聆聽內心的聲音，開始為職業生涯中最大的一次轉變打下基礎。

別糾結要做到完美

拜託，請記住這句話：完美主義是拖延之母。如果你期待完美，你就永遠不會達成目標。

記住了，你的人生計畫大概不會出版，沒有人會替它打分數。這不是要寫給別人看，是為**你自己**而寫的。所以說，請允許自己不完美。你可以用錯的文法、不完整的句子，或是排得很亂。它不需要完美無缺，只要你覺得有意義就足夠了。

保持專注

尤其當事情變得困難時，你會分心，這很正常。這令我們想到電影《天外奇蹟》（*Up*）裡面那隻名叫小豆的狗狗。在一次激昂的對話中，牠看到有個東西在移動，便大聲喊道：「松鼠！」接著衝去追。每當有這種衝動時，請抗拒它。堅守原地，保持專注，分心的念頭最終會過去。但這並不代表你不能休息，請根據需求盡情休息，讓自己能有效率地完成工作。

要處理稍縱即逝的想法，有一種方法是準備一個單獨的記事本，專門用來記錄這些零散的思緒。就像一個「停車場」，將那些你可能想稍後再回頭處理，但現在會讓你分心的事情暫時放在那裡。

只要按照我們建議的方法去做，你將擁有一份人生計畫，為你的生活賦予目標和方向，並帶來開啟這段旅程所需的靈感。

是時候採取行動了

你現在正處於一個關鍵的轉折點。你可以把這本書放下，忽略所學到的一切，繼續陷入暗流。但如果這樣，你將無法體驗到人生計畫帶來的益處。誰知道你會走向何方呢？很有可能，那並不是你所選的目的地。

或者，你可以捲起衣袖，馬上開始。我們並不是要你寫出一部偉大的美國小說、博士論文，甚至不是一篇文章。我們只是請你思考、想像並寫下你已經非常在乎的事：那就是**你的生活**。在接下來的章節中，我們將討論一些**執行**計畫的重要層面。但現在，最重要的事情是設定日期。你什麼時候要開始制定你的計畫？

成千上萬人已經做到了，你也可以。

第三部

計畫成真

學習分配資源，做好取捨，讓計畫動起來。

在領導自己的同時，也引領他人。

第 8 章

檢視現實，然後實踐計畫

沒有付諸行動的策略都只是幻想！

——麥可．羅區（Mike Roach），美國佛學作家重大的一天已經結束，該行動了。如果你想要獲得人生計畫的好處，就必須貫徹它。你的行動計畫需要加入日常行程表中。但要是你沒有多餘的時間怎麼辦？如果你檢查行事曆，發現時間都安排滿了，沒有空間再新增一件事，那該怎麼辦？

雖然我們擁有各式各樣的裝置和應用程式，但並沒有比較多時間，更多的人只會變得更忙。多數人每週工作遠遠超過四十小時，開車要接電話、晚上要回覆電子郵件、週末還要處理專案。有項調查顯示，許多擁有智慧型手機的專業人士每週花在工作上的時間超過七十小時！這還沒加上我們的家庭和社交責任呢[1]。

有些時候，我們的生活就像是喜劇《我愛露西》（*I Love Lucy*）裡那個露西和艾瑟爾在糖果工廠工作的經典場景一樣。我們站在輸送帶旁，不停包裝輸送帶上的巧克力，但巧克力來得又快又多。要是漏掉一顆，就會陷入麻煩，但我們根本來不及。很快地，我們開始把巧克力塞進任何能裝得下的地方，祈禱沒人會發現。壞消息是，我們越會藏那些沒包完的巧克力，就顯得越能幹，然後經理就會送來更多巧克力。

如果你也覺得生活的壓力快把你淹沒，那你並不孤單。但想實現人生計畫中設定的目標，就必須對抗暗流，逆流而上。

二〇一二年，我（麥可）再度面臨這種情況，且不知道是第幾次了。我的著作《平台》（*Platform*）即將上市，演講行程很滿，而我其中一個女兒再一個月就要結婚了。我忙得不可開交，感覺自己越來越跟不上腳步，必須有些改變才行。幸運的是，這不是我第一次面臨這樣的情況。我有一套工具，可以幫助我獲得所需的喘息空間。

在這個章節，我們想分享這些工具。首先先看看你的行事曆吧。

活有餘裕，不再窮忙

看看現實，你有足夠的時間處理現有的事情，還有額外時間執行人生計畫中列出的行動嗎？應該沒有。

或許你對自己或伴侶說過類似的話：

- 「等我適應這份新工作，就能喘口氣了。」
- 「等我的孩子開始上學，我就有更多時間做其他事了。」
- 「等我的伴侶完成手頭上的工作任務後，就會幫忙照顧孩子。」

但在你意識到之前，幾週已經變成幾個月，幾個月已經變成幾年了。人們會從一個「暫時情況」抵達下一個，不久這就會變成永遠的循環。這就跟俗話所說的溫水煮青蛙一樣，你已經被慢慢升溫的水煮熟了。

我們迫切需要的是**餘裕**——喘息、反思和行動的時間。缺乏餘裕的感覺怎麼樣？是焦慮？沮喪？還是不堪負荷？相反地，擁有餘裕又是什麼感覺呢？放鬆？專注？活在當下？若你希望成功實現人生計畫，就必須打造更多餘裕，讓自己有空間去處理重要的事，而不僅僅是緊急事件。

創造餘裕是有可能的，但需要認清那些吞噬掉餘裕的力量，並採取適當的對策。具體來說，你需要學會並練習三個技能：檢傷分類你的日程、安排優先事項、學會說不。我們來一步一步說明。

善用醫院檢傷概念，分類你的行程

檢傷分類（triage）是個軍事用語：在戰場中，醫護人員必須決定將有限的資源分配給誰，而無法幫助所有人。醫護人員明白，有些病患即便沒有接受治療也能存活，而有些人即使接受治療也活不下去。檢傷分類的意思是要忽略這兩類病人，專注在那些**接受**適當治療才能存活的病患身上。這是一個艱難的過程，但如此能夠救最多人，並贏得戰爭。

把這個概念用在你的行程表上也是一樣的，必須分辨出哪些事情可以放心取消或重新安排，哪些事情則非得親自參與。同樣地，這麼做的目標是要創造足夠的餘裕，讓你能夠執行人生計畫中的行動計畫。執行方式如下：

- **守住基本盤**：檢視你目前安排的會面，問自己它們和你的人生帳戶優先事項之間的關聯。這些會面是否真能幫助你邁向期望的未來？如果是的話，繼續留在行事曆中。如果不是，考慮取消或重新安排（見下文）。
- **減去非必要事項**：有時候，我們做出了承諾，安排時這些承諾乍看很重要。一開始我們會被新點子或新專案蘊含的熱忱所吸引。然而，仔細想想，我們會發現這些事情其實並沒有那麼重要。因此，盡你所能取消這些事項，或看看是否能以其他方式處理。
- **重新安排剩下的內容**：有些事情很重要，但不是**現在**很重要。大多數人都喜歡盡快完成事情，但有時這樣會帶來反效果。因此，我們需要檢視我們的行事曆，看看什麼事情能延期而不會導致重大後果。

練習檢傷分類能幫助你解放行事曆，換來更多需要的餘裕，進而達成最重要的目標。不過，只有檢傷分類還不夠。

只做對的承諾

這裡的目標不僅僅是做出更少承諾，儘管對大多數人來說，這是種很棒的解脫，而是要做出正確的承諾。如果生活像玩雜耍，關鍵的技巧就是知道哪些球是橡膠的，哪些是水晶球。我們建議使用兩個工具：「理想週」和「年度時間區塊」。

你的理想週

我們最早是從作家鄧肯的一系列音檔接觸到這個概念，這些音檔最終成為了《時間陷阱》（*Time Traps*）一書。這個概念就像「時間版」的預算表，唯一的區別在於，你規畫的是如何花時間，而不是金錢。就像財務預算一樣，首先是用紙筆規畫消費。

你的理想週，會被區分為簡單的網格，一天一個**主題**。如果你能完全掌控所有事情的發生，那這就是你的理想週。此外，每一天也會根據特定的**重點領域**進行細分。我們使用一個簡單的電子表格進行，看起來很類似於圖表3中提姆的例子。

你能看見，提姆的**主題**列在最上面一行：

- 週一專注於他的團隊、一對一會議和員工午餐。
- 週一和週三專注於旅行和長時間的會議（例如：每月業務檢討會議）。
- 週四留給臨時安排的事項。這一天，提姆會要求延期外部會議。
- 週五用來計畫和進行長遠思考。
- 週六用來處理個人事務和活動。
- 週日上教堂、休息、計畫下一週。

提姆的**重點領域**列在最左邊的欄位中：

- 清晨時間留給自己：閱讀、禱告和健身。

臨時事項	計畫	個人	教會
週四	週五	週六	週日
有氧	練手臂、肩膀	有氧	主日學校 行前準備
		閱讀	
		家事	沐浴
可進行臨時會議	可進行臨時會議		通勤
		檢視個人財務	主日學校
			教會
可進行午餐會議	可進行午餐會議		和家人吃午餐
		午餐	通勤
可進行臨時會議	檢視商業願景和計畫		
處理電子郵件		晚禱	
計畫明天			
通勤			
	和蓋兒約會		每週檢視與計畫

圖表3：理想週範例

主題		團隊	旅行與長時間會議	
		週一	週二	週三
自己	05:00 - 05:30			寧靜時間
	05:30 - 06:00			閱讀
	06:00 - 06:30	練胸、背	有氧	練下半身
	06:30 - 07:00			
	07:00 - 07:30			洗澡、更衣
	07:30 - 08:00			處理電子郵件
	08:00 - 08:30			通勤
工作	08:30 - 09:00		第一週：旅行 第二週：財務 第三週：旅行 第四週：臨時會議	
	09:00 - 09:30	一對一會議1		
	09:30 - 10:00			
	10:00 - 10:30			
	10:30 - 11:00	一對一會議2		
	11:00 - 11:30			
	11:30 - 12:00			
	12:00 - 12:30	午餐		
	12:30 - 01:00			
	01:00 - 01:30			
	01:30 - 02:00	一對一會議3		
	02:00 - 02:30			
	02:30 - 03:00			
	03:00 - 03:30	一對一會議4		
	03:30 - 04:00			
	04:00 - 04:30			
	04:30 - 05:00			
	05:00 - 05:30		處理電子郵件	
	05:30 - 06:00		計畫明天	
	06:00 - 06:30		通勤	
家人和其他	06:30 - 07:00		和蓋兒吃晚餐	
	07:00 - 07:30			
	07:30 - 08:00		寫作	
	08:00 - 08:30			
	08:30 - 09:00			

- 上午時間留給工作。提姆會在早上八點半抵達辦公室，下午六點準時離開。當你為工作設立「明確邊界」時，你會很訝異在畫定的時間內能完成多少事情。否則，帕金森定律就會發揮效用了：「工作會膨脹，直到填滿你為它預留的時間。」
- 一天結束後，提姆將時間留給家庭和休息。目前，他有三個孩子住在家裡，一起吃晚餐是他們的優先事項，這讓全家有時間聯繫並交流近況。然後，他和妻子會在一天的最後三十分鐘裡享受閱讀時光。

請注意，提姆在人生計畫中列出的優先事項是淺灰的底色，與優先事項無關的活動則是深灰色的。那些既可以是優先事項也可以不是的活動則是白色的。斜線區域代表沒有安排的時間，也就是「餘裕」。這樣的安排雖然很主觀，但它能幫助大多數人確保自己在做最重要的事。

想要使用這個工具，我們建議你繪製一張自己的理想週表格。你可以在https://livingforwardbook.com/ideal-week下載我們的Excel表格，也可以從頭開始自己畫。一旦你創建了自己的理想週，就可以將這份文件作為規畫的基本模板。如果你能將這份計畫交給助理或同事，也會非常有幫助，這樣大家就能在相同的期望和目標下共同努力。

並不是所有的事情都能被強行塞進這個模板中。然而，擁有這份文件將更有助於你完成最重要的事情。

你的年度時間區塊

另一個有用的工具是年度時間區塊。這讓你能夠提前三年規畫生活。顯然，我們說的並不是規畫所有細節。由於我們的生活太過動態，這樣的方式並不適用於每個細節。但這個工具確保你可以先將「大石塊」放進行事曆中，如此一來，重要的事情就不會被緊急事件牽制住。想要這麼做，最好的方式是在別人行動之前，先掌控自己的行事曆。

可惜的是，目前我們熟悉的行事曆工具中，並沒有年度檢視這樣的功能。即便是商業化的產品，最多也只能檢視一個月的時間。因此，我們在Excel中創建了一個年度時間區塊工具，它也包含了當前行事曆的範例。你可以在A5單元格中輸入你想要安排的年份，日曆會自動重新計算，甚至會考慮到閏年。你可以在LivingForwardBook.com下載這個工具。

首先，從安排最不可更改的事項開始，再逐步安排那些可以支配的事項。通常，我們建議在每年的最後一季更新這份行事曆。你可以考慮按照以下順序將內容添加到你的年度時間區塊中：

1. 生日和週年紀念
2. 假期
3. 產業活動
4. 度假
5. 董事會議
6. 商業檢討會議
7. 特別的旅程
8. 和朋友相處

你的列表可能會不一樣。重點在於，要搶先一步安排日期。我們寧可讓其他人配合我們的優先事項，也不要依據他們的行程安排事情。記住：若你不替自己的人生制定計畫，別人就會接手。

關鍵是要保持平衡。要確保將時間安排給對你重要的事物，否則你會發現自己忙著擠時間來處理優先事項。若你不謹慎一點，有一天醒來會發現，你的一生都在為別人的優先事項而活。為了避免這樣的憾事，我們也需要學習經常說「不」。接著就來聊聊怎麼做吧。

學會優雅說「不」

你是不是很難開口拒絕別人？金・凱瑞（Jim Carrey）主演的電影《沒問題先生》（*Yes Man*）講的就是這樣一個人，他的生活毫無進展，直到他學會對一切都說「好」。突然之間，他的運氣好轉了——至少有一段時間是如此。最後，這種情況還是壓垮了他，就像最終會壓垮我們所有人一樣。大多數人都不喜歡讓人失望，但到了某個時候，你就會意識到自己不能對所有事情都說「好」。這樣做會危及到你自己的優先事項和最重要的事情。

在哈佛大學教授威廉・尤里（William Ury）的暢銷書《正向拒絕的力量》（*The Power of*

a Positive No）中，他說明了當被要求做不想做的事情時，我們會有的三種回應：

1. **妥協**：我們想說「不」，但卻說了「好」。這通常是因為我們重視和提出要求的人之間的關係，勝過了我們自己的利益。
2. **攻擊**：我們用很差的方式說「不」。這是因為我們更重視自己的利益，勝過了和他人的關係。有時請求會令我們感到害怕或憤怒，並對提出請求的人做出過度的反應。
3. **逃避**：我們什麼都不說。因為害怕會冒犯對方，所以我們選擇逃避，希望問題自動消失。但問題通常不會不見。

有時候，這些反應會相互交織，讓情況雪上加霜。例如，一開始我們可會逃避要求，導致第二、第三個要求跟著出現。然後我們會覺得很煩，並對提出要求的人發火。這會導致罪惡感，接著我們可能會道歉，然後就妥協了。

幸好，有種更好的應對方法。尤里博士提出了第四種策略，他稱之為「正向說不」。正向的拒絕幫助我們避免在關係和優先事項之間做出犧牲。這個簡單的策略採用了「好—不—好」的公式。尤里博士解釋：「這和普通的『不』不同，普通的拒絕是以

『不』作為開頭，再以『不』結尾。而正向的『不』則是以『好』開始，再以『好』結束。」[2]以下是這三個元素相互合作的方式：

- **好**：正向的拒絕從對自己說「好」開始，保護對你來說重要的事物。我們還會補充說明，肯定提出要求的人的重要性。
- **不**：接著是一個直截了當的「不」，用以設立清晰的界線。我們建議你不要說「或許」來製造模糊的空間，例如：「或許我之後可以答應你。」
- **好**：正向的拒絕以一個「好」做為結束，這不僅肯定了雙方的關係，還為對方的請求提供了另一個解決方案。

例如，我（麥可）經常收到心懷抱負的作者的電子郵件，請我審閱一下他們的書籍提案。這是因為我大部分的職業生涯都在出版界度過。以下是我使用「好—不—好」公式回應的方法[3]。

比爾好：

恭喜你完成了新提案！很少有作者能走到這一步。感謝你希望讓我審閱你的提案。但由於其他需要處理的事務，我已經無法再審閱書籍提案了。因此，我不得不拒絕。

不過呢，我可以提供一些關於如何出版書籍的建議。如果你還沒看過的話，建議你先閱讀我的部落格文章〈給首次出版書籍的作者的建議〉。在這篇文章中，我列出了清楚的步驟，告訴你該怎麼做。

我還發表過一系列名為〈出版之道〉的音檔課程，將我超過三十年的出版經驗濃縮成了二十一堂課。

希望這些對你有幫助。

祝你的書籍成功出版。

麥可

大多數人收到這樣的回信後，都不會繼續追問。他們通常會回覆：「謝謝你的仔細考慮，我能理解，很謝謝您回覆我。」

我們所指導的對象，一段時間後也會直覺地學會這一點。好與不好就像陰陽兩極。現在開始查看你的人生帳戶吧。當你對一個非優先請求說好，就有可能是在對你的朋友、孩子、配偶，甚至自己的健康和精神成長說不。正如我們的一位學員，一位Chick-fil-A的經理所說：「如果你真的優先考慮自己的婚姻和家庭，就勢必要對某些事情說不。」他說得沒錯，你對一件事情說「不」，才能對其他事情說「好」。

結論：你的時間是場零和賽局

你的時間是一場零和賽局。當你對一件事情說好，同時也在對其他事情說「不」。隨著你在生活和工作中越來越成功，說不會變得越來越困難。你會發現自己不得不對一些值得做的好事說不，以便對最重要的優先事項說好。

若你成功執行了人生計畫，則必須採取這三個行動：檢傷分類排序你的日程、安排優先事項，並學會優雅地說不。

第9章

每天到每年，都要追蹤你的計畫

自律，是讓自己去做那些你不見得想做，卻能帶來你真心渴望結果的能力。

——安迪．安德魯斯（Andy Andrews），美國作家計畫若不定期檢視，等於毫無價值。一旦開始執行人生計畫，按時檢閱變成了一件很重要的事。

幾年前，我（麥可）是一間快速發展的公司的一員。終於有一天，執行長意識到，我們需要一份策略計畫。在一次員工會議中，他如此宣佈：「『即興發揮』的日子結束了。我們需要一個正式的計畫，**現在**就需要。」接著他聘請了一位非常昂貴的戰略規畫顧問，替大家安排了三天的行程。

大約有五十名代表不同部門的領導級成員，聚集在德州奧斯汀郊外的一座豪華度假村內。顧問帶領整個團隊展開規畫，整個過程極為詳盡且系統化。他特別訂製了皮革裝訂的三孔活頁夾，封面上印有我們公司的名稱，內頁還附有多色標籤。團隊進行了極富成效的討論，作出了重要決策，並針對多年來困擾他們的關鍵問題達成了共識。他們還製作了詳細的行動計畫，包括要達成的里程碑、截止日期以及責任分配。這份計畫是門藝術。

唯一的問題是，他們再也沒有看過那份計畫書——一次都沒有。每位參加這次會議的經理都將這份計畫放在辦公室的書架上，從未重新檢視、調整或修訂。在企業界這並不少見，真正會落實計畫的公司，其實是少數中的少數。

我們不希望這種情況發生在你的人生計畫上。我們想確保你真正展開行動，唯一能實現這一目標的方法，就是建立一個讓計畫**清晰可見**的流程。你需要定期檢視、調整和修訂，如此它才能真正影響你的人生。

克勞德在《領導者的界限》（*Boundaries for Leaders*）中闡述了這一過程的重要性。目標能否實現，取決於我們是否持續把注意力放在上面。當我們專注於目標時，重要的事情會得到處理，不重要的事情則不會。在這個過程中，我們會清楚意識到實現目標所需的條件，這就是克勞德所說的「工作記憶」。定期檢視人生計畫將有助於拓展你的工作記憶，提高實現目標的可能。我們建議用以下三種方法來執行這一點。

每天閱讀

在創造勝利中，我們指導客戶在最初的九十天內，每天早晨閱讀他們的人生計畫，且需要大聲讀出來。這麼做是要將計畫的每個部分，深植於你的內心和記憶中，避免這項練習變成一種機械化的過程。

每週審視

過了最初的九十天後，要讓計畫維持運作，下一步是要進行所謂的「每週回顧」。這是一個機會，讓你跳脫每天忙亂的瑣事，回顧過去、展望未來。同時，這也是檢視最重要事項的進展的機會，那些你在人生計畫中明確訂立的優先事項。

實踐人生計畫的過程中，每週回顧是掌控專案和任務的關鍵。如此我們能夠持續掌控工作量，並持續朝著最重要的優先事項的方向前進。

關於每週回顧的重要性，沒有什麼比生產力專家大衛．艾倫的話更有說服力了。在他的著作《搞定！》（*Getting Things Done*）中，他寫道：

> 許多人似乎天生就喜歡攬上超出能力範圍的事務。我們安排了一整天接連不斷的會議，參加下班後的活動，又不停冒出點子、做出承諾，接著投入一堆任務與專案，讓自己的創意被迫在宇宙邊界上旋轉。
>
> 這種忙碌活動的旋風，正是讓每週回顧如此寶貴的原因。它提供了一段時間來關注、重新評估和重新處理事件，幫助你保持平衡。當你忙著完成日常工作的同時，根本

無法進行這種必要的重整[1]。

我（麥可）通常都在週五進行每週回顧，因為這天我對完成的事和尚未解決的問題，掌握最清楚。以前我會在週日晚上進行，讓自己以清晰的頭腦迎接新的一週，但後來我發現，完全放下工作、度過一個完整的周末是非常有價值的事。改在週五回顧，我能清楚了解下週一要面對什麼，同時週末也能完全放鬆休息。

我（丹尼爾）也喜歡在家裡進行回顧，但我是在禮拜一清早進行。這幫助我在上班並開始應對一週的需求之前，專注於最重要的事。

但事實上，任何一天回顧都可以。我們的一些客戶喜歡在週五下午進行，也就是一週的工作結束之後。其他人則傾向將它當作週一早晨的第一件事。重要的是，你要有意識地進行這件事，並在行事曆上安排一個時間給它。

通常我們建議花十五到三十分鐘進行每週回顧（必要的話也可以更久）。這項活動通常不需要花費一整天，但在行程中安排這段時間仍然非常有幫助。如果你不特意安排時間，很容易就會逃避這項活動，或是替這個時段安排其他事情。

進行每週回顧時，應該做些什麼呢？雖然不是必須，但我們建議使用以下「流程」。它涵蓋的不僅僅是你的人生計畫，但所有內容都是相互關聯的。此流程是根據大衛・艾倫的清單進行修改。你可以根據自己的需求自由調整[2]。

1. **檢視你的人生計畫**：逐字仔細閱讀你的計畫。記住，這本來就是一份簡潔的文件，讀起來不會花太多時間。這麼做的價值在於，你可以從更高層次的角度來看，不會忽略最重要的事。同時，這也能為你的日常行動賦予目標。

2. **搜集所有零散的文件**：把公事包或電腦包、實體信箱，以及錢包或皮夾裡的紙張全部倒出來，接著一一檢視每份文件，決定該怎麼處理。跟隨大衛・艾倫的模式，首先問自己這是否是需要採取行動的事項。如果不是，你有三個選擇：

- 丟掉
- 加進你的某一天／或許清單
- 存檔，以供未來參考

如果這件物品需要你採取行動，你可以

- 如果只需要不到兩分鐘的時間，那就立即處理，或是加進一個稍後處理的任務

清單
- 延後處理，但要實際在行事曆上安排一個具體的時間來處理
- 委託給其他人執行，並將其記錄到任務清單中。我們使用「待處理」或「等待中」這樣的詞來標記這些任務（這是一種標記那些需要他人處理，才能繼續推進的任務的方式）。

3. **整理你的筆記**：記筆記是提升生產力的關鍵技能[3]。你可以使用紙本的，例如Moleskine筆記本，或是使用電腦、平板或智慧型手機上的高科技工具，例如Evernote。兩種方式都行，重點是，要回顧你的筆記，找出當時承諾要完成的行動項目，然後將它們添加到任務清單中。
4. **回顧過去一週的行事曆**：我們建議你查看上週的日程，看看是否有遺漏的事。例如，你可能不會在午餐會議上做筆記，但隨後可能想寫封感謝函或是準備禮物。回顧前一週的日程，能喚醒你的記憶並捕捉可能錯過的事情。
5. **檢視接下來的行程**：這是每週回顧最重要的部分之一。這是一個能夠記錄即將召開的會議，並專注於可能需要準備的事項的機會。這能幫助你提前掌握節

奏，讓工作不脫軌。（有很多專業人士沒有先檢視任務就出席會議，對此我們仍舊感到驚訝。這使他們看起來草率且不專業。事實是，他們並沒有建立一個有系統檢視會議和任務的流程。）

6. **檢視你的行動清單**：雖然我們建議每天執行這一過程，但在每週回顧時，焦點會更廣泛。我們會問自己：「我們這週真正需要完成的是什麼？」如果是一項非常重要的任務，我們就會將其移到行事曆上，並安排具體的時間來處理。
7. **檢視你的待處理（等待中）清單**：這是一份你委託給他人的代辦清單，其中包含重要到需要追蹤的事項。如果某件事已經逾期，或者需要更新進度，你可以發送電子郵件或打電話提醒負責人。我們也建議你在該任務中加上已發送過提醒的備註。
8. **檢視專案清單**：當一個行動包含許多子行動時，就能被視為一個專案。例如，策畫年度員工旅遊可能需要多個步驟，包括預訂場地、安排餐飲、發送邀請函等。無論你使用什麼樣的專案管理系統，重要的是要定期檢視你的主要專案，並考慮接下來需要採取的行動，以確保專案順利推進。
9. **檢視「有空再說」清單**：這些是雖然不需要立即採取行動，但未來哪天執行會很不錯的事項。這個清單很適合用來存放你不想忘記，但尚未準備好要執行的點子。一旦準備好了，就可以將這些事項轉移到合適的行動清單中。

很多讀者、客戶以及研討會的參加者告訴我們，每週回顧是他們在實施人生計畫過程中最重要的工具。我們同意這一點，但需要記住的是，這只是其中一種可行的回顧策略。它對我們來說非常有效，但也有人使用不同的方法。最重要的是，要找到適合你的系統。我們希望你能在這個章節找到一些有用的工具，讓你能夠持續對自己的人生計畫負責。

每季微調

掌握優先順序的祕訣，就在定期安排時間回顧和反思。除此之外，也需要安排一段時間來修訂計畫，或將其與現實「校準」。克勞德表示，這種有意識的調整正是讓人快速進步的關鍵。

雖然進行每週回顧時也能調整，但也應該定期以更深入、更有策略的方式進行。我們建議你安排一次正式的季度回顧。

這場與自己的約會，基本上是每週回顧的延伸版。在每週回顧中，你會爬上樹梢，望向整座森林。而在季度回顧中，你會搭乘熱氣球，上升到幾千英尺的高空，俯瞰森林如何融入到整個景觀之中。

季度回顧是確保你待在正軌的好辦法。你可以及時微調，而不是發現自己偏離軌道，浪費了一整年的時間。要如何進行這場回顧，取決於你的個性，藝術家和科學家有不一樣的方法。但無論方法為何，重點都是一樣的——投入時間，變得更有目標。

可以的話，我們建議你試著離開辦公室，或其他工作環境進行季度回顧。你需要遠離手機、突然的訪客及喧囂的辦公室生活。當然了，你也可以在週六早上進行。你可能想在制定人生計畫的同個地方執行。那地方不需要很厲害，只要相對有隱私和安靜即可。

開始之前，仔細思量一下流程。根據我們的實際經驗，以下兩點可能會對你有幫助：

檢視你的人生計畫：我們建議你先仔細閱讀一次你的計畫，不要急著修改。接著再開始修訂，你可能會想調整目標聲明，或期望的未來的語句。你可能會加入一句聖經經文或勵志名言。最重要的是，全面重新評估你的現況，並草擬具體承諾。試著用以第一次寫人生計畫的心態來完成這部分。

為接下來的季度設立目標：接下來，我們建議你將針對人生計畫所做的回顧，轉化為具體的九十天目標。我們並不是要你列出一長串的待辦清單，因為這對於這個練習來說，太過瑣碎了。相反地，我們建議列出一份簡短的清單，包含五到七個在下個季度可以完成的最重要目標，推動你的計畫向前邁進。

若你打算進行季度回顧，我們強烈建議你現在就把未來兩年的時間都排好。假如你等到行事曆上有空檔時才安排，那麼永遠不會去執行。懂得和自己預約，根據這件事來安排其他項目，是主動管理人生的關鍵。

每年修改

每週回顧很必要，季度回顧也很有幫助，但若你真的想讓人生計畫保持活躍，年度回顧才是關鍵的一步。現在是時候仔細審視你的計畫，評量自己過去一年的成果，以及決定下一步的行動了。

對大多數人來說，初次寫下人生計畫都是一個極大的挑戰。但只要擁有了這份計畫，修改起來就容易多了。你已經完成最困難的那一步了！

我們建議你在每年最後一季的某天，「深度檢視」你的人生計畫（在之前的章節，我們也建議你更新年度時間區塊）。這麼做可以取代你的最終季度回顧。季度回顧和年度回顧之間，唯一的區別是你用來反思和修改的時間的長短。

在這段期間，很值得重新檢視自己之前所做的假設：

成果

- 清單上有漏掉任何人或團體嗎？
- 有想刪除哪個人嗎？
- 關於希望如何被記住，有什麼想改變的嗎？

優先事項

- 你是否想在此部分新增任何人生帳戶？

- 有沒有人生帳戶已不再重要，需要被刪除？
- 你的優先順序有改變嗎？如果有，是否需要重新排列？

➤行動計畫

- 你需不需要為人生帳戶創造新的行動計畫？
- 每個帳戶中，期望的未來對你來說是否依然有共鳴？能寫得更生動嗎？你對任何事情的「看法」，是否與最初的願景有所不同？
- 每個帳戶的目標聲明可以更精簡有力嗎？
- 你的現況為何？過去一年裡，你最自豪的成就是什麼？有哪些你認為應該被肯定但卻未被認可的事？過去一年中，你有哪些感到失望或遺憾的經歷？

我（丹尼爾）一年中最喜歡的其中一週，就介於聖誕節和新年之間。我有幸關閉辦公室，享受一週的假期，用來慶祝、反思和充電，準備為即將到來的新一年開啟全新的篇章。在這特別的一週，我最喜歡的是待在奧勒岡海岸邊一間小木屋裡的一天。那裡通常風暴肆虐，卻是生火、泡一壺熱茶，並專注於最重要事情的完美場所。就在這裡，我會花整整一天的時間回顧我的人生計畫，以及過去一年的經驗教訓。然後，我會調整我的人生計畫，為新的一年做好準備。

無論你對人生計畫的改動是多是少，都沒有關係，只要能夠反映出你希望的生活樣貌即可。有些年份，你可能會進行較多的調整，而有些年，調整可能較少。這很大程度上取決於過去一年發生的事情，以及你對未來一年的期望方向。

結論：堅守計畫底線

「工作讓我覺得自己像在老鼠賽跑裡奔命。」斯坦這麼說道。但當我們詢問他的家人和其他生活層面時，他卻說那些帳戶的分數都在理想的九．五分。在如此忙碌的情況下，斯坦把更多注意力放在工作也是情有可原的，然而，他也堅守著自己的底線。問到人生計畫時，他表示這份文件提醒他，應該在生活的每個領域投入多少精力。這幫助他保持平衡，特別是因為他會定期檢視這份計畫，這就是改變的關鍵。事實上，他告訴我們，他從沒看過其他方式，能讓人如此澈底地執行計畫。

斯坦的成果非常正面，現在他全家人也都這麼做了，包括他的父母和手足。

幾年前，我（麥可）改變人生計畫的幅度，比過去十年的任何一年都要多，但這主要是因為我的生活環境發生了重大變化。我們最小的女兒也搬出去住了。同時我卸下了湯瑪斯．尼爾森出版社董事長兼執行長的職務，開始投入到線上培訓服務的新事業，擁有了一整組新的合作夥伴。

謝天謝地，我的許多人生帳戶都沒有改變，像是我的精神、健康、智識和愛好帳戶幾乎維持不變，只有些微的調整。但鑑於我的新生活環境，我需要調整家庭和職業帳戶。我希望（並且需要）一個讓我充滿動力的人生計畫。我們建議執行的每週、季度和年度回顧，確保我能持續朝著我想要擁抱的未來前進。

第 10 章

改變自己，就是改變世界

他們總說時間會改變一切，但事實上，你必須親自改變。

——安迪．沃荷（Andy Warhol），美國藝術家工作上的危機會危害健康、家庭和財務。反之亦然，家庭、健康或財務危機也會影響我們的工作，影響產出的數量和品質。專案會延誤、預算會透支。同事們（他們自己通常也沒有太多餘裕），可能不得不填補這些缺失。

事實如下：你的「個人生活」只是個迷思，並沒有所謂畫分明確的人生。每一個領域、空間、類別和人際關係都是緊密交織的，你是以整體存在。

金融風暴期間，身為湯瑪斯．尼爾森執行長的我（麥可）親身經歷了這個危機。如同先前提到的，公司為了撐下來，陸續裁員好幾輪。管理團隊也不斷尋找其他辦法，他們和供應商討價還價、延遲採購、削減開支，每天都在為維持公司的運營和前進而奮鬥，但似乎看不到盡頭。沒有人的壓力能跟辦公室的燈一樣被關掉。我們把所有的壓力和擔憂帶回了家，影響了健康，也傷害了家人。

我們意識到，生活中某一領域的事件，會像骨牌效應一樣影響到其他所有領域。雖然人生計畫無法保護我們免受像金融風暴這樣全球性事件的衝擊，但可以幫助我們避免許多自己造成的傷害。至少有三個非常重要的理念，和「人生無法切割」密切相關。

首先，是我們一開始所說的：自我領導總是比團隊領導更重要。那些打造出最具影響力文化和組織的領導者，都具有高度的自我意識且發展全面。他們投入時間在多個人生帳戶中，過著令他們所服務和領導的人嚮往的生活。

第二，我們的團隊正在觀察我們。他們會根據我們的表現，來決定他們的信任和投入程度。身為領導者，生活方式至關重要。

我們合作過的許多領導者，都很善於用他們的人生計畫來強化自己的影響力與領導力。遺憾的是，也有一些人從未替自己的人生制定計畫，或者是放棄了計畫，把所有心力都投注在職涯或財務帳戶上。因此，再次強調，我們是誰、我們做出的決定，以及我們投入的時間、才能和金錢，將告訴我們周圍的人：我們最重視的是什麼。

第三，你信奉的真理，也適用於你的團隊成員。他們也無法將自己的生活畫分為各自獨立的部分。前面兩點會影響到第三點，而這也是本章的重點：你如何運用人生計畫這個過程，賦予你的團隊能力，並強化你的組織。

人生計畫還有商業效益？

全球各地的公司都開始意識到，個人生活與工作生活是密不可分的。許多公司正在鼓勵員工撰寫人生計畫，提供必要的訓練與資源。這麼做，為企業帶來了三個具體的好處：

1. **幫助員工制定人生計畫，能展現企業的關懷**：每一位員工心中都有夢想、渴望與人生目標。當你鼓勵他們做人生計畫時，就是在說：「我們想幫助你實現夢想與目標。我們知道，這當中有一部分是與工作有關，但我們也清楚，人生遠不只限於工作。」

Chick-fil-A多年來一直是創造勝利的優秀客戶。最初，這段合作始於我們指導他們公司中的幾位領導者，如今已經發展成了數百個教練輔導關係。他們的領導階層深受人生計畫的影響，以至於現在這已成為所有新餐廳老闆訓練的一部分。我們的教練每年都會受邀好幾次，帶領新老闆們制定自己的人生計畫。他們堅信，自我領導永遠是團隊領導的先決條件。

同樣地，全國貸款抵押公司基石房屋貸款（Cornerstone Home Lending）的執行長馬克・萊雅德（Marc Laird）幾年前決定，他認為自己從人生計畫中獲得的收穫，應該也能帶給員工。因此，創造勝利幫助他制定出一項策略，將人生計畫推廣給他的數千名團隊成員。

基石房屋貸款邀請一位創造勝利的教練前往他們的主要市場，帶領團隊成員和重要客戶完成人生計畫。馬克還替所有新進員工錄製了影片，鼓勵他們利用一天帶薪假來寫計畫。此外，他也邀請我（丹尼爾）錄製幾段人生計畫的影片，這些影片現在被儲存在他們的內部網路，供全體員工取用。不僅如此，馬克也請創造勝利協助處理團隊難題，幫助他的隊員們實現計畫。

陶德・薩爾曼（Todd Salmans）是一流貸款（Prime Lending）的執行長，也是另一位認為人生計畫是打造高效團隊關鍵的領導者。他的公司補助數百名團隊成員，使用創造勝利的教練服務。他們也與創造勝利合作，為兩百五十名經理和領袖打造一場為期四天的私人輔導體驗。在這次體驗中，第一天的重點只有一個：撰寫人生計畫。

這裡還有一則寶貴的故事，是關於利用人生計畫來關懷與你共事的人：布萊恩・麥凱（Brian McKay）是南卡羅來納州格林維爾的 SC Telco 聯邦信用合作社的副總裁兼首席運營長。二〇一一年讀到我（麥可）的部落格文章後，他就成為了一名人生計畫執行者。這對他的生活產生了極大的影響，因此他與公司的其他高層分享了這一概念，其中包括他的執行長史蒂夫・哈金斯（Steve Harkins），哈金斯一看便立刻明白：這是一份值得讓全體員工都參與的計畫。

他們邀請我參加年度全體員工大會，請我為所有人提供一場三小時的培訓課程：從管理層到收發室的員工，全都參與其中。會議結束後，布萊恩成立了一個指導委員會，在企業內推廣人生計畫。他還利用公司的電子報分享那些在人生計畫上取得成功的員工故事。他們也成立小組，在遇到問題時即時解答。

一年後，SC Telco再次邀請我參加年度全體員工大會，進行後續訓練。除了進行回顧和分享最佳實踐方法外，我還採訪了兩位在人生計畫上取得重大成功的員工，聆聽他們的故事。一位銀行的法令遵循主管表示：「對我來說，人生計畫帶來的最大收穫，就是明白自己在一家在乎我整體幸福與工作表現的公司上班。這真的是一份禮物！」

2. **幫助員工制定人生計畫，確保他們發揮高產能**：若員工制定了人生計畫，就不太可能因為健康危機或婚姻衝突而分心。他們可以更投入工作，專注於手上的任務。

維克森林大學的梅蘭妮．蘭考博士（Dr. Melanie Lankau）與創造勝利合作，研究教練輔導的影響力。她研究發現，「生活滿意度與工作滿意度呈正相關，且與所有績效指標都有明顯關聯」。對此我們並不意外。換句話說，對個人生活感到滿意的人，也會更滿意他們的職涯，且表現更出色。

3. **幫助員工制定人生計畫，使他們能全心投入工作**：當員工努力在生活的各個領域取得熱情和成長時，就不太可能會憤世嫉俗或表現冷漠。他們擁有情感資源，用以投資於工作和服務的客戶。

我們從無數客戶那裡得知，完成人生計畫後他們更專注、更活在當下，也更投入工作了。他們不必擔心在生活的其他重要領域中，忽略了什麼。因為人生計畫，提供了處理這些問題需要的整體架構。這個架構，使他們能將注意力集中在隊友、客戶、專案和任務上，而不會分心，也不會因忽視生活的其他領域而感到內疚。

這點之所以非常重要，是因為當員工感到被重視、變得更有生產力且更投入時，就能打造出一種文化。這種文化在當今競爭激烈的環境中，會成為企業真正的策略優勢。

企業如何推行人生計畫？

希望到現在為止，你已經相信人生計畫能夠為你的組織帶來效益。我們想分享七個最佳實踐方法，幫助你付諸行動：

1. **先實踐、再宣揚**：聖方濟各（St. Francis of Assisi）說道：「時刻傳播福音，必要時再用言語。」沒有什麼比我們的行動更有說服力了。如果我們沒有親自實踐宣講的內容，人們會覺得我們虛偽。這顯然不是我們想要的結果。反過來，若我們實踐自己所宣講的內容（尤其是在宣講之前），就能提供證據，證明我們提倡的東西確實有效。我們都曾聽過朋友或同事要減肥。當他們成功減掉五十磅後，他們的策略才有說服力。

2. **讓你領導的團隊參與其中**：在任何大型的公司計畫中，「校準」都是至關重要的一點，但在這裡尤為重要。一些高層人員已經習慣，認為個人生活和工作之間需要有明確的區隔。只要他們堅守這個觀念，就很難得到他們的支持。

這就是我們建議按階段進行的原因。首先，買這本書給你的管理團隊，讓他們參與這個過程。如果有必要，可以引進外部訓練。嘗試在整個組織內推行之前，你會希望你的領導團隊熟悉這個過程，並且正在實踐它。

但要注意一點：這是自由選擇。我們曾經見過，在公司強制推行，反而適得其反。結合以上第一點，當領導者生活中的變化變得顯而易見，且他對人生計畫的熱情使周圍的人渴望擁有相同的東西時，才能最成功地施行這種策略。

3. **預留半天提供訓練**：這是整個過程變得有趣的開始，也是向團隊成員傳達你對人生計畫這件事的重視，以及願意付諸實際行動的時機。你可以用以下三種方式來進行訓練，我們依照花費從低到高列出：

- 利用本書進行教學，搭配可以在LivingForwardBook.com上有的小組學習指南（Group Study Guide）。
- 購買人生計畫體驗訓練課程，帶領員工學習。
- 邀請其中一位我們的教練，進行一次辦公室外的人生計畫體驗活動。

4. **提供每個人這本書**：你可能有料到我們會這樣說，但我們真誠相信書本傳播想法的力量。我們盡量讓這本書簡潔有力，希望即便是不愛看書的人，也能開始閱讀這本書。我們尤其鼓勵你將此與上述第三點中提到的訓練活動相結合。

5. **提供員工額外的帶薪假**：有些公司會給員工整整一天的帶薪假，來制定人生計畫。這樣做的好處是，它澈底擺脫員工「沒有時間」的藉口。但可能有個缺點，就是員工可能不會投入足夠的心力。如果你選擇這樣做，我們建議你加入某種形式的問責機制。這個機制可以很簡單，比如一份表格，讓他們簽署確定已完成人生計畫。也可以要求他們選擇一位夥伴共同簽署。不管具體形式如何，很少有人會濫用這種為完成人生計畫而提供的休假福利。根據我們的經驗，大多數員工都心懷感激，並認真對待這一天。

其他公司則採用了一種混合的模式，提供半天的帶薪假期，員工再自備半天的原有假期。這種方式的優點是員工會更投入，缺點則是管理起來可能稍微複雜一些，並且參與的人數可能會比較少。

我們建議，先透過測試小組進行試驗，看看哪種方式最適合你的公司文化。等到流程順暢之後，再逐步擴展到更多部門，甚至整個公司。

6. **給予鼓勵和支持**：這或許是最重要的一步人們寫下人生計畫**之後**發生的事情非

常關鍵。擁有和實踐人生計畫是兩回事，目標不僅僅是要製作一份文件、將之歸檔，然後就遺忘它。目標是要讓員工快樂且富有生產力，在生活的各個領域都追求熱情與進步。你可以藉由以下幾種方式持續提供鼓勵和支持：

- 成立人生計畫指導委員會，推動這個過程。
- 在內部刊物、公司會議和其他公開場合分享成功的故事。
- 創立一個支持小組系統，有點類似體重管理應用程式 Weight Watchers，安排每週或每兩週一次的自發會議。
- 將人生計畫日納入員工福利手冊，帶領所有新進員工完成這一過程。
- 建立一個影音資料庫，收錄來自團隊的秘訣和人生計畫見證實例。
- 為團隊定期安排時間，用以回顧他們的人生計畫並提供教練輔導。

7. **考慮提供額外的人生資源**：為了真正看到人生帳戶中的成長，人們需要動機、教育和訓練。你可能決定要提供這些，作為更大規模的生活課程。例如，許多公司會提供 Weight Watchers 會員、健身房會員或是類似的方案，幫助提升員工的健康。舉例來說，在創造勝利中，我們和辦公室的團隊成員們合作，鼓勵他們去健身房，或是加入我們的健康飲食計畫。

我們的幾位客戶已經引入了財經作家戴夫．拉姆齊的「財務自由計畫」，幫助員工擺脫債務，實現財務自由。這通常能對員工的生產力產生可觀，甚至立即的影響。許多人第一次感受到自己在財務上取得了進展，而他們的工作也成為實現這一切的關鍵。

也有公司導入了各式婚姻訓練，例如蓋瑞．巧門（Gary Chapman）的《愛之語》（*The Five Love Languages*）。這類訓練的另一個優點是能直接讓配偶參與。創造勝利和幾位客戶邀請團隊成員參與婚姻研習營，並取得了非常成功的結果。這些研習營要麼是由我們創建，要麼是由其他擁有這方面專業知識的機構主辦的。有些公司則運用了像福斯特．克林（Foster Cline）和吉姆．費（Jim Fay）的《培養小孩的責任感》（*Parenting with Love and Logic*）等育兒計畫，關注這類家庭相關領域也能對工作生產力產生正面影響。

最重要的是，要將這視為持續不斷的計畫。人生計畫提供了基礎，但若真的要成功，還需要額外的支持資源。

人生計畫革命，超乎想像的影響力

這聽起來可能有些誇張，但我們的目標是改變世界。如果你已經讀到這裡了，我們相信你也有相同的目標。但我們都知道，這種改變不會單靠新的政治措施、科學或技術的進步，或是更好、更普及的教育就能實現。這些可能會發揮作用，但單靠它們並不足真正改變一切。

真正的轉變始於人們對自己的人生負責、在每個領域都有意識地過生活。當他們重新找回熱情並看見成長時，人生就跟著改變了。改變的人有能力改變家庭、學校、猶太教堂、教會、公司和政府。當這一切發生時，你就開始以深遠且持久的方式改變文化了。

所以說，在這本書即將完結之際，我們邀請你幫我們發起一場人生計畫革命。我們想幫助人們體驗，計畫和主動出擊能為自己、所愛之人，以及珍視的一切，帶來多麼不同的未來。

你願意加入我們嗎？這場革命，由**你**開始！

結語

你擁有最棒的禮物：你的人生

努力活得精采吧，以至於臨終時，連殯儀館的人都替我們感到惋惜。

——馬克·吐溫（Mark Twain），美國作家

你的人生計畫之旅已經來到一個關鍵時刻，該知道的，你都知道了。我們已經提供了打造計畫所需的靈感、指引和工具，但最終，選擇權在你手上。

你可以繼續隨著暗流載浮載沉，聽天由命。正如我們在第1章讀到的，這樣的選擇往往不會讓你如願以償。少了人生計畫，你很有可能會遠離原本的目標，後悔做出那些

形塑你生活的決策，又或是無所作為。或者，你也可以捲起衣袖，認真對待這份名為「人生」的禮物。選擇權，就在你手中。

我們想到一則故事，關於一位住在喜馬拉雅山上的年長智者。他偶爾會下山到山腳處的村莊，用他的特殊知識和才能來娛樂村民。他的其中一項技能是通靈，說出村民們口袋、箱子或心裡的事物。

幾個年輕男孩決定開個玩笑，想讓這位老者的特殊才能失去可信度。其中一個男孩想出了一個主意，他抓住一隻鳥，並把牠藏在手中。他當然很清楚，長者知道他手中的是一隻鳥。

這個男孩知道，這位聰明的長者會正確說出他手中握的是一隻鳥，於是他打算問那位長者，這隻鳥是死是活。如果長者說鳥是活的，男孩就會把牠捏死。如果長者說鳥是死的，男孩就會張開掌心，讓小鳥重獲自由。無論長者怎麼說，男孩都能證明他是個騙子。

隔週，長者來到了村莊。男孩迅速抓住一隻鳥，把牠藏在背後不讓人看到，走到聰明的長者面前後，他問道：「我手裡拿的是什麼？」

長者說：「你有一隻鳥，我的孩子。」

男孩接著問：「告訴我，這隻鳥是死是活？」

年長智者看著男孩，開口回答：「牠的命運取決於你。」

你的人生也是如此。這份力量掌握在你手中。你已經獲得了一件珍貴的禮物——你的人生，你會怎麼運用這份禮物呢？

謝詞

若不是有這麼多人的投入與貢獻，不論是直接還是間接地促成，這本書不可能問世。雖然我們肯定會遺漏許多名字，但我們特別想感謝以下這些人。

麥可的謝詞：

- 感謝我的妻子，蓋兒，感謝她是我三十七年來的人生伴侶。她總是樂於相信美好，遺忘不好的事情。她是我每天早晨最想見到的第一個人，也是每天晚上最想見到的最後一個人。我對她的愛超越了任何言語。
- 感謝我的五個女兒和（目前）四個女婿，他們為我的生活帶來如此多喜悅和充實感。我為他們每個人在工作中取得的成就以及生活中的成功感到無比驕傲。

- 感謝我目前就住在附近的父母。雖然他們已經八十多歲了，但我從未聽過他們抱怨**任何事情**。他們是我所認識最正面、最鼓舞人心的兩個人。他們為我提供了一切，使我能夠成為今天的自己。
- 感謝 Intentional Leadership, LLC 的團隊成員，包括蘇茲・巴伯、安德魯・巴克曼、查德・坎農、凱爾・喬寧、西爾維特・甘農、馬德琳・萊蒙、斯圖・麥克拉倫、梅根・米勒、喬爾・米勒、蘇珊娜・諾曼、拉奎爾・紐曼、曼迪・里維西奧、丹妮爾・羅傑斯以及布蘭登・特里奧拉。他們對追求最重要事物的承諾每天都激勵著我。正因為他們處理了其他事務，我才能專注在自己最擅長的領域。
- 感謝我的教練們，他們教會我如何為我的生活和工作創造非凡的成果，包括丹尼爾・哈卡維、丹・米尤布、伊琳・米辛、丹・沙利文和東尼・羅賓斯。你們對我的思維方式的影響，遠超出你們的想像。
- 感謝我親愛的朋友，肯和黛安・戴維斯，他們讓我在科羅拉多洛磯山脈的小木屋裡度過了一個月，完成了這本書的初稿。沒有他們的慷慨相助，這本書就無法誕生。

- 最後，我想謝謝我最親愛的摯友，哈卡維，是他首先指導了我人生計畫，帶領我完成這個過程，並督促我對結果負責。他是個活生生的證據，展示了一個有目標的人生所擁有的力量。

丹尼爾的謝詞：

- 感謝雪莉，成為我的人生伴侶二十七年的美麗妻子。從我十一歲第一次見到妳的那刻，妳就是我的「唯一」！妳是我最大的啦啦隊員，我最親密的朋友，也是那個讓我感到無比完整的人。感謝妳一直鼓勵我去實現我的人生計畫（看看我有多愛妳）。
- 感謝我的孩子們，阿里、狄倫、衛斯理和艾蜜莉。你們讓生活變得如此豐富有趣！能成為你們的父親，且現在與你們成為非常親密的朋友，是一種莫大的喜悅！我非常愛你們，為你們現在的樣子感到無比驕傲！
- 感謝所有曾經在我們家留宿的孩子們，與你們分享生活、共享餐點和冒險真是太棒了！

- 感謝我的父母梅爾和琳恩，以及我的第二位母親／岳母葛洛莉亞，還有所有的兄弟姐妹及他們出色的孩子們。希望你們永遠都知道我有多麼愛你們、感激你們。
- 感謝我出色的行政助理兼我的第二大腦，琳恩．布朗。在帶領團隊和實現人生計畫這些方面，妳的支持和幫助無比巨大。妳是一個真正的改變者，哈卡維一家對妳充滿感恩之情。
- 感謝整個創造勝利團隊。你們每一個人都在我們的工作中扮演了重要角色。在過去的二十年裡，正是你們帶領眾多客戶走過這段人生計畫的旅程，才讓本書得以成形。能與你們一起完成這項工作真是我的榮幸！特別感謝陶德．莫塞特，感謝你為這本書付出的努力，你幫助我讓它變得更加出色。
- 感謝成千上萬名創造勝利的客戶和朋友，感謝你們參與這個過程，並驗證了《逆向人生計畫》和人生計畫對一個人的生活所能產生的深遠影響。
- 感謝第一個介紹我人生計畫概念的人，我的好友托德．鄧肯。謝謝你和我分享這個改變人生的禮物！
- 最後，我要感謝一起完成這個項目的好友兼夥伴，海亞特。你那謙卑的心、對成長的渴望，以及無比豐富的精神，讓參與這個項目成為了一段美好的經歷。

最後，我們還要感謝：

- 喬爾・米勒，我們的研究員和這本書的編輯。他辛勤不懈地編輯稿件，將我們的想法完美融合為一體。沒有他，這本書就無法完成。
- 我們的文學經紀人，Alive Communications 的瑞克・克里斯蒂安以及布萊恩・諾曼，他們從一開始就相信這個項目，並幫助我們找到一間與我們有共同願景的出版社。
- 感謝我們的徵稿編輯查德・艾倫、審稿編輯芭芭拉・巴恩斯，以及整個 Baker Books 團隊，他們相信這本書的價值，並像真正的合作夥伴一樣與我們並肩努力。

我們希望，這本書的理念與方法，能夠為更多人帶來正面的改變！

人生計畫快速指南

你準備好投入一整天，寫下自己的人生計畫了嗎？這是一個重大的承諾，為了幫助你充分利用這一天，我們打造了這份人生計畫快速指南，幫助你複習所有重點，並保有積極正面的動力。

在行事曆預定一天

在你的行事曆中標記這一天，讓所有重要的人（妻子、老闆等），知道那天會聯絡不上你。選擇一個適合的地點，帶上所有需要的書寫工具、保持專注，並決心不打開網路。

開始時，記得保持積極的心態。你正在替你期望的未來規畫路線，這是一個充滿感恩、渴望和敞開心胸的時刻。相信這個過程，聆聽你的內心。答案並沒有對錯，只需要思考、想像，並寫下你真心在乎的事情：**你的生活**。

接下來，只需要依照以下五個清晰易懂的步驟。

步驟一：寫下自己的悼文

人生計畫的第一步，思考你希望最後抵達哪裡。沒人會還沒決定目的地就規畫旅程。對我們來說，這代表著要先寫下自己的悼文。希望留下什麼樣的「遺產」？你的人生對最親近的人來說，意義是什麼？他們將如何記住你？你的人生會如何影響他們的生活？

這步驟可能有點令人畏懼，但非常重要。這不僅能幫你集中精力，也能讓你投注心神。有一個簡單的開始方法：列出所有你希望記住你的人：配偶、家人、朋友、隊友等。接著列出你希望每個人如何記住你：忠誠、勇敢、善良、總是樂於助人——所有你希望被記住的方式。

有了這些要素後，你就可以將它們整理成你的悼文。若想看看其他人是如何寫的，可以提前翻到下一部分的人生計畫範例。關鍵是，要寫得像是今天就要舉行你的葬禮，而不是遙遠未來的某一天。用「今天就要發表悼文」的方式來寫，你可以開始思考，需要付出什麼樣的努力，才能把這些想像的回憶變成現實。

步驟二：建立人生帳戶

既然已經寫好悼文了，那就等於有了個開始。你希望如何以及被誰記住，可以指引你決定該設立哪些人生帳戶。

這裡有一些廣泛的類別供你參考：精神層面、婚姻、育兒、社交、財務以及個人。你可以在第5章找到更詳盡的清單，並了解這些帳戶可能的具體形式。你可以設立最少五個帳戶，也可以設立多達十二個，大多數人最終大約會有九個。以下是入門的清單範例：

- 你
- 信仰
- 健康
- 配偶
- 孩子
- 財務
- 朋友
- 工作

• 愛好

你可以根據自身需求來訂製這份清單。

步驟三：評估帳戶狀況

將你的人生帳戶想成銀行戶頭：每一個帳戶有多少餘額？你在每個領域都有足夠的資源嗎，還是資源不足呢？例如，你是否在工作上投入過多，卻忽略了家庭？這是個常見的問題，而這一步驟目的是要幫助你看清所有帳戶的問題。

步驟四：排列帳戶順序

所有人都有優先事項，但我們常不清楚那些事項為何，對吧？確定哪些帳戶是最重要的，才能指引出我們的行動。工作在你人生中的定位是什麼？你的家庭、朋友、社區、教會呢？當我們不清楚什麼事情最重要，很容易把注意力集中在那些最需要我們的事上，而不是最值得投入心力的。

我們在第5章有詳細解釋方法，讓你將自己和自我照顧放在優先位置，這麼做非常有幫助。我們太容易忽略自己，其實自己正是支撐其他帳戶穩定的關鍵。

步驟五：填寫每個帳戶

讓人生帳戶發揮效用的最有效方法，是為每個帳戶創建一個行動計畫。這五個步驟將幫助你從當前的狀況，抵達你生活中每個重要領域的目標：

1. 撰寫目標聲明，定義你在這個帳戶中的角色與責任。
2. 描繪理想未來，用現在式寫下當這個帳戶有「盈餘」時的樣貌。
3. 引用一段鼓舞你的名言或短文，幫助你在情感上和你的目標及期望的未來產生連結。
4. 誠實地描述現況，無論好的、壞的、醜惡的。你越是誠實，就越容易看出什麼事情需要改變。
5. 最後，做出具體承諾，詳細列出你需要採取的行動，以便從現況達到你所想像的未來。

針對最後一點，請遵循SMART原則，確保你的承諾不僅具體，且是可衡量、可行、實際並且有時間限制的。你會希望將這份計畫安排地非常緊湊，如此便能直接放入行事曆或明天的待辦清單中。

記住了，數以千計的人已經制定了他們的人生計畫，並享受其成果，你也可以。請查看下一部分的一些實用案例。

歡迎造訪我們的網站 LivingForwardBook.com，獲取以下資源：

- 人生評估檔案
- 人生計畫模板
- 理想週工具
- 年度時間區塊
- 人生計畫範例
- 以及更多實用資源

人生計畫範例

如果有別人打頭陣，通常就會更容易去嘗試新的事物。因此，我們希望為你做個開路先鋒，提供來自創造勝利客戶的四份不同人生計畫。閱讀這些計畫時，你將能體會到他們各自的生活和希望，以及他們所面臨的不同挑戰。

每一份計畫都有點不同，不只是因為生活情境不同，也因為每個人都根據自己的需求調整了計畫的細節與格式。有的篇幅較長，有的則簡短明瞭，還有一些介於兩者之間。這些計畫來自處於不同人生階段、不同職涯位置的男女。

他們每個人都有自己獨特的生活觀和處事方式——但也有一個共同點，他們都知道，有意識地生活是實現渴望的生活的最有效方式。和書中許多範例一樣，我們已經更改了名字和細節，以保護他們的隱私。我們也編輯了內容，以維持一致的風格，但仍盡力保留它們獨特的性格。

希望這四個範例不僅能提供你更多指引，也帶來更多彈性，你能夠根據自己的生活構建自己的人生計畫。

在我們的網站LivingForwardBook.com上的人生計畫典藏庫（Life Plan Gallery），你可以看見更多例子。甚至可以輸入關鍵字搜尋，找出那些最符合你的情況的計畫。

湯姆

悼文

生日：一九六八年，三月五日

逝世：二〇六八年，三月六日

湯姆把家庭放在第一位，人生使命是為孩子們帶來正面的影響。他和妻子麗莎將孩子、孫子和曾孫們當作生活中的首要優先事項。麗莎是他一生的摯愛，他們一起度過了許多充滿愛與歡笑的日子，無論是兩人時光，還是與美好家庭在一起時。

湯姆的三個孩子從出生那天起，就深深抓住了他的心。孩子還小時，他擔任他們的籃球及棒球教練，並不斷強調這些價值：好好享受、努力拚搏，並永遠抱持優秀的運動精神。他的孩子們從未忘記，並且意識到這些不僅適用於體育，也適用於人生：享受樂趣、努力工作，並良善、以善意與尊重對待他人。

在信貸產業度過了漫長的職業生涯後（包括擁有一間蓬勃發展的貸款公司二十年），湯姆成為了一名成功的高中籃球隊教練。他指導過的數百名球員參加了他的追思會，因為湯姆關心的不只是他們的運動表現，更在乎他們作為人的成長。湯姆深信「生活平衡」這個理念。他很努力將平衡的重要性傳遞給每一位遇見的人，而他的人生也是他人學習的榜樣。

▶行動計畫

帳戶一：麗莎

目標：

我有一位了不起的人生伴侶，麗莎。她美麗、體貼、善解人意、聰明、幽默、有運動細胞，也熱愛體育。能為她的快樂、成功與成就出一份力，讓我感到無比喜悅。我們一起努力建立一個強大、快樂、有目標的家庭。

長遠願景：

麗莎和我依然會定期約會，無論是現在還是當我們成為空巢老人後。我們會繼續組成團隊，朝著目標和夢想努力，同時享受我們日常的快樂。我們會繼續擁有一段充滿愛與激情的婚姻，能夠抵擋住任何風波。

短期目標／具體承諾：

1. 我每個月至少會安排兩個晚上作為與麗莎的「約會之夜」，這個晚上將不帶孩子同行。
2. 我會每週至少與麗莎共度三次「安靜時光」（喝杯酒、擁抱等）。
3. 我和我的家人每年至少會到家鄉外度假五次（過一夜或更長時間）。
4. 我和我的家人每季都會有一次超級有趣的經歷。

帳戶二：莎拉、山姆及強尼

目標：

我擁有地球上最棒的禮物：我們的孩子太棒了！我將盡一切可能去愛護和培養莎拉、山姆和強尼，確保他們在安全、有趣、積極和健康的環境中成長。

長遠願景：

我會和孩子們保有良好的關係。他們會有健康快樂的身心，並對我和麗莎的生活，以及最重要的是對社會，帶來正面的貢獻。

短期目標／具體承諾：

1. 我會繼續擔任每個孩子的棒球與籃球隊教練，且每週會抽出一天時間到學校陪強尼。
2. 我每年會閱讀三本書和／或參與三個與兒童發展問題、激勵孩子、輔導等相關的研習課程。

3. 我每個月都會與莎拉、山姆和強尼進行一次約會之夜（在屋外進行一對一的相處）。

4. 我會在每個孩子的準生日[5]那天與他們進行一對一的交流，參與孩子們選擇的活動。

帳戶三：身體健康

目標：

我維持良好的身體狀態，且仔細檢視飲食和運動計畫。我的飲食、運動和睡眠習慣有助長壽、健康的生活，並為我提供全天必要的能量，使我能夠成為一個很棒的丈夫、父親、領導者和朋友。

長遠願景：

我會繼續監督自己的健康狀況。五十歲時，我還是能從事與四十歲時相同的體育活

5 譯注：按照美國習俗，每個人的兩次生日之間，還有一次「準生日」，即當次生日的六個月之後、下一次生日的六個月之前那天。

動。我每年的身體檢查顯示出很好的結果，且每年都會完成鐵人三項比賽。

短期目標／具體承諾：

1. 一週運動至少七次。
2. 我會在二〇一三年之前完成鐵人三項比賽。
3. 每年都會由健康專家評估我的飲食和健康狀況。
4. 我每晚都會在十點半前睡覺。

帳戶四：事業成功

目標：

我在專業領域的成就，使我的家人有經濟保障，也讓我成為所有員工的導師和領導者。

長遠願景：

四十七歲時，我有能力以至少三百萬美元的價格出售我的公司（最有可能賣給我的員工）。我可以選擇把工作時間用在孩子們的生活上。

短期目標／具體承諾：

1. 我會制定一份商業願景、營運計畫以及招募／留才計畫，並將這些理念融入日常生活中。
2. 我會隨時解答所有員工的問題、提供指導、協助交易架構設計等。
3. 我一年會讀十二本商業相關的書籍。

帳戶五：財務保障

目標：

我會在四十七歲實現財務自由，讓我得以投入更多時間陪伴和為孩子付出，不必擔心這個決定會帶來財務方面的影響。

長遠願景：

四十七歲時，我和家人會住在一間有室內籃球場的家。四十五歲時，我們的淨資產

（不包括我的公司）會達到至少兩百萬美元。到四十七歲時，我們的淨資產會有至少三百萬美元。

短期目標／具體承諾：

1. 麗莎和我會每半年與我們的財務顧問會面一次，審查我們的財務策略並做出必要的調整。
2. 每年十二月，我都會計算家庭的淨資產。

- 我們的房地產淨值每年至少應該增加一〇%（房產增值與房貸減少）。
- 我們的股票加現金（共同基金、分紅帳戶、退休金帳戶、支票帳戶等）的淨值，每年應增加至少一〇%（來自新增的投資和增值）。

帳戶六：友情

目標：

我的朋友們會幫助我度過人生中的高山和低谷。我有許多真摯的友情，也希望我可以為朋友的人生做出積極貢獻。

長遠願景：

我會持續維繫那些對我和家人來說重要的朋友，保持密切、充滿活力、有趣的關係。

短期目標／具體承諾：

1. 每年，我和大學朋友都會聚在一起，度過至少三天的假期。
2. 每月一次，我們會邀請朋友來我們家參加撲克牌派對、親子聚會、晚餐聚會等，或是我和麗莎會與朋友共進晚餐。

帳戶七：家庭

目標：

我的父母是很棒的人，我會繼續愛他們、支持他們，就像他們對我一樣。

長遠願景：

我會和父母、繼父母、麗莎的家人擁有非常緊密的關係，經常拜訪他們。

短期目標／具體承諾：

1. 我會每兩個月計畫一次和母親共享的活動（一起吃午餐、晚餐等）。
2. 我會每個月和我父親通電話一次。

瑞秋

悼文

瑞秋絕對是我見過最甜美的人。她總是面帶笑容，對生活抱著積極的態度。從她還是個小女孩，就果斷又勇敢，永不放棄。她的「優等生症候群」從小就顯露無遺，高三時還被選為「最有可能成功」的人。由於渴望進入教育界，她僅花三年時間就取得了大學學位，不久後又順利取得教育碩士與額外學分。

瑞秋是一位傑出的教育家。她全心全意愛著學生，並孜孜不倦地致力於他們的發展。她將課堂打造成一個安全的學習環境，讓學生在其中感到有價值。後來，她擔任了教學技術總監和副校長等行政職務，擴大她對學生學習的影響力。即使過了多年，她仍與以前的學生保持聯繫，並繼續為他們奉獻心力。

瑞秋很擅長讓別人感到有價值和有尊嚴，讓所有遇到她的人都覺得自己可以征服全世界。她擅於建立真誠的關係，因此擁有一群忠實的客戶，其中許多人和她都成了朋友，並將她視為真正的合作夥伴和同事。

瑞秋是位出色的教育產品業務，從未低於指定的銷售額，且還總是超出目標。她對教育充滿熱情，並努力幫助孩子們取得成功！她對顧客忠誠，顧客也對她忠誠。她被視為學校和地方的可靠合作夥伴，以及受人尊敬的同事。

瑞秋有種罕見的真誠，當她走進一個房間時，總能將空間點亮。遇到她的所有人都很高興認識她。她誠摯、鼓舞人心，且擁有一顆我所知道最善良的心。

瑞秋的信仰為她所做的一切奠定了基礎和中心。儘管經歷過困難，她仍然保持著積極的態度，並堅信上帝也正為了她而努力著。她選擇利用自己的痛苦和弱點，勤奮不懈地為他人奉獻。她堅信她的痛苦不會白費，並會成為她自己和他人成長的催化劑。瑞秋活在持續成長的狀態。

她對耶穌的愛，也體現在她一生參與的宣教工作中。從我有記憶以來，瑞秋就一直在服務。三十多歲時，在完成了許多國內宣教旅行後，她向中美洲的一個國家敞開了心扉，這個國家迫切需要只有耶穌才能帶來的希望和愛。瑞秋愛上了瓜地馬拉並在那裡執行了許多任務。

瑞秋深愛她的家人。她是女兒、姊妹、阿姨、姪女和表親，無論是至親還是遠房親戚，她都喜歡和家人共度時光。她的母親，娜歐蜜，以及她的姐姐譚雅，無疑是她最好的兩位摯友。她最想與她們共度時光，勝過世上任何人。她們三人維持著深厚、緊密且私密的關係。

在難得的閒暇時間裡，瑞秋喜歡打網球和在院子裡工作。她熱愛戶外活動以及沐浴在陽光下。她也是名重度讀者，強烈渴望吸收新的知識和資訊。

許多方面看來，瑞秋都是一個獨特的人。像她這樣全心投入、值得信賴、充滿愛心且極其真誠的人，實在是難得一見。

▶行動計畫

帳戶一：上帝

期望的未來：

我希望全心服侍上帝，遵循祂神聖的旨意和目標。我渴望成為祂國度中有力的器皿，幫助壯大祂的王國，和他人分享祂的愛和希望。

目標：

我活著的目的，是讓人毫無疑問地看見，我對救主的信仰與忠誠。我希望他人能在我身上看到祂，並知道我的喜樂和希望來自何處。我活著，是為了散發耶穌的光與愛。

具體承諾：

- 每天至少花三十分鐘安靜禱告。
- 每月閱讀一本宗教書籍。
- 全天與上帝保持對話，談論是任何事或是所有事情。
- 每年參加一次以基督為中心的聚會。

阻礙：

- 忙碌的行程有時會壓縮到寶貴的禱告時間。

- 由於我通常都在晚上閱讀，有時候疲憊感占上風，這時我就會選擇去睡覺。

帳戶二：我自己

期望的未來：
我很快樂，過著自由、彈性、服務他人的生活。我不斷投資自己，在智識與精神上不停成長，同時也保有身心健康。

目標：
我的目標是要活出一個積極、鼓舞人心的生命，在各個方面都展現基督的愛。

具體承諾：
- 每個月有一天「離線日」。
- 繼續指導和發展我的人生計畫，活出最好的自己。
- 週日下午擁有安靜時光，平和地放鬆身心。
- 每年空出兩個週末單獨旅行休息、充電，花時間與主同在。

- 參加二〇一五世界主宰者高峰會（World Domination Summit），與志同道合、有創業精神的人交流。

阻礙：

- 這個帳戶的最大阻礙是我的工作和個人承諾太多了。通常這個帳戶會被擱在一旁，沒有被優先考慮。

帳戶三：家庭

期望的未來：

我是一個孝順的女兒，負責照顧年邁的父母。非常感謝他們將我塑造成今天的樣子。我的心願是盡可能多花時間與他們相處，並在他們需要幫忙時伸出援手。我的兄弟姊妹和他們的家人也是我生活的一部分，我同樣願意提供實質和情感上的幫助。此外，大家庭在我的生活中也扮演著重要角色，我希望能在需要時保持忠誠並提供支持。

目標：

我的目標是要最優先考慮家人和他們的需求。我們在世上的時間有限，要好好愛家人，因為我有幸擁有他們。

具體承諾：

- 隨著父母年齡的增長，對他們更有耐心，理解他們正在面臨和即將面臨的心理／健康挑戰。
- 和父母共度有意義的旅程，並為他們負擔無法負擔的開銷。
- 每個月和父母共處一個週末（搬到離他們更近的地方之前，這點有些困難）。
- 一年花兩個週末的時間和我姐妹一起待在她家，或安排旅行，只要彼此時間允許。
- 傳訊息／打電話給我的兄弟和嫂嫂。這是重大的一步，因為我們不常聯繫。沒有特別的原因，只是被日常生活耽擱了。我需要和他們建立穩固的關係。
- 一年至少參與兩次大家族的活動。
- 和家族的親戚們保持聯繫。

阻礙：

- 沒時間
- 距離問題
- 需要協調彼此的行程

帳戶四：服務

期望的未來：

我的服務不受全職工作的限制，唯一的限制是一天只有二十四小時。我在當地教會和社區服務，也會將範圍拓展至全球，散播基督的愛和希望。

目標：

天父慷慨賜福給我，雖然我永遠無法完整報答祂的良善和憐憫，但我的目標是要將祂的愛和希望分享給我遇見的每一個人。

具體承諾：

- 一個月參加兩次，週六晚間教會的慈善活動 Feed the Need。
- 一年至少兩次服務於國際宣教活動。
- 在我家舉辦晚宴賜福給不幸、窮困的人，或是單純需要鼓勵的人。
- 積極尋找並禱告是否有更多機會，能在當地教會或社區提供更多服務。

阻礙：

- 保留全職「受僱」工作，會降低我能投入的服務時間和品質。

帳戶五：職業

期望的未來：

我是個自僱者，可以自由地服務他人，為神的國度帶來更遠大的目標。我寫部落格，鼓勵其他走過類似道路的人，分享天父慷慨給予我的愛和希望。我擁有多處房產，可以賺取被動收入。如果時間允許，我會在國內外出差，為教育工作者提供專業發展機會，並與我目前的公司保持獨立的銷售合作關係。我也在一家古董店有一個攤位，出售翻修過的家具和古物。

目標：

我的目標是要成為一名自僱者，賺取收入完全養活自己。反過來說，這將讓我有更大的彈性和服務的機會，壯大上帝的國度。

具體承諾：

- 二〇一五年完全成為自僱者。
- 二〇一五年購入一間出租房產。
- 二〇一五年開始經營部落格。
- 在古董店預定一個攤位。
- 善用業內關係，獲得按日計酬的工作機會。

阻礙：

- 全職工作帶來的假性安全感會引發我的恐懼。
- 選擇和機會太多，反而難以選定一條道路。

帳戶六：個人人際關係

期望的未來：

我的人脈很廣，且仍有一小群親密且忠誠的朋友。我持續不斷地為他人付出，也有一小群「比兄弟還親」的朋友。我是值得信賴、可靠，並且在朋友需要時能夠隨時提供幫助的人。

目標：

我的目標是要與幾位非常親密的朋友建立深厚、持久且敬虔的友誼。

具體承諾：

- 每個月至少和閨蜜相聚一晚。
- 一年一次姐妹出遊。
- 積極與親密的朋友聯繫，有機會在他們的生活中祈禱及提供協助。
- 在適當的時候發送鼓勵的訊息。

阻礙：

- 我真的很喜歡獨處，比起花力氣和朋友聚會，獨處還更放鬆。
- 我經常想跟朋友聯繫，但很容易被其他事分心或忙碌就忘了。

帳戶七：財務

期望的未來：

我完全沒有債務。因為早年工作時我很節儉，存了不少積蓄，我有足夠的退休金維持生活。我會看情況接案，還能透過出租房子和寫部落格獲得被動收入。我繼續善用天父的慈愛和憐憫所賜予我的資源。我的奉獻超過應獻的十分之一，同時也支持傳教士和其他組織。我不渴望成為「有錢人」或擁有很多物質，但我渴望過得舒適，並能夠將時間和金錢用於體驗人生和投入公益。

目標：

我的目標是要賺到自己足夠的收入，並繼續過著無債的生活。此外，我賺錢的目的也是為了回饋給當地教會和其他信仰機構，從而支持天國的擴展。

具體承諾：

- 每年提繳最高的退休金。
- 閱讀相關書籍，以尋找靈感與方法來創造被動收入。例如：傑夫・沃克（Jeff Walker）的《一週賺進300萬！》（*Launch*）、提摩西・費里斯（Timothy Ferriss）的《一週工作4小時》（*The 4-Hour Workweek*）
- 在接受大幅減薪以換取彈性工時的情況下，仍保持健康的生活水準。
- 每年捐出二〇%以上的收入。
- 在成為自僱者之前，與財務顧問會面，全面了解財務狀況。

阻礙：

- 若轉為自僱後收入不穩，可能會壓縮退休金和慈善捐款。
- 預料之外的突發事件，可能會大大影響原本穩定的財務狀況。這樣的想法有時會讓我很不安。

帳戶八：身體健康

期望的未來：

遵循原始人飲食法和每日運動，保持健康的體重和身體質量指數（BMI）。

目標：

我的身體就是上帝的神殿，我的目標是要讓它盡可能運轉更久，便能有效率地執行祂的旨意和計畫。

具體承諾：

- 每週步行十英里以上。
- 每週打兩次網球。
- 攝取高蛋白質、大量蔬果、少量碳水化合物。
- 每天喝五到六瓶量的水。
- 如果長時間待在戶外，要擦防曬。

阻礙：

- 旅行有時會讓我無法維持應有的健康飲食、運動和飲水量。
- 缺乏時間和精力讓我無法打網球。

帳戶九：愛好和旅遊

期望的未來：

我擁有充實的生活，包含旅行和休閒的機會。我在國內外旅行，體驗主所賜的奇妙事物。我體驗著不同的文化，使我能更深刻地欣賞生命。

目標：

我的目標是要過上一個豐富、充實且接觸多樣文化的生活，同時欣賞簡單的美好。

具體承諾：

- 每週打兩次網球。
- 每月閱讀一到三本書。

- 一年最少出國兩到三次，無論是為了傳教還是去玩。
- 每年造訪國內兩到三個沒去過的地方。
- 維護庭院，使其茂盛多彩、充滿生氣。

阻礙：

- 愛好經常會被排在其他工作和個人承諾之後。
- 全職工作和缺乏假期使我無法隨心所欲旅行。

安琪拉

結果

我希望如何被最親近的人記住：

- 葛瑞絲：重要的時刻陪伴她身邊，全心全意地愛她。

- 媽媽和繼父：總是堅持做對的事。
- 提摩西：即便我們之間有分歧，依然把葛瑞絲放在第一位。
- 凱特：陪伴在側、享受樂趣、提供關懷。
- 我的工作團隊：可靠且願意支持他人。
- 法蘭克：在他需要我時出現，成為他的榜樣。

悼文

此處的安息者是安琪拉。她的女兒葛瑞絲和父母瓊與大衛深深愛著她。她在房貸業有著很長且成功的職涯。自十九歲起，她從基層做起，一路晉升為科羅拉多州的流程管理經理。她的努力和奉獻精神，深深感染了銀行裡所有她支持過的人。這份努力和奉獻精神貫穿了安琪拉的一生，她做每件事都傾注所有決心。

雖然表面上看不出來，安琪拉總覺得自己真正的朋友不多。但她總是在他們身邊，共度許多美好的時光。她與朋友們一起露營、健行、運動、喝雞尾酒，還會偶爾去聽約翰．希特（John Hiatt）的演唱會。她是那個你可以百分之百依賴的人，總是誠實無私，並且堅持不懈。每當她摔倒時（尤其在樓梯上），總是會立刻爬起來。

她最偉大的愛和成就就是她的女兒葛瑞絲。她總是鼓勵她成為最好的自己，並教導她像母親一樣堅強且獨立。葛瑞絲是母親最驕傲的傳承，安琪拉對這個偉大的成就感到無比自豪。葛瑞絲，妳被深深地愛著！

行動計畫

帳戶一：葛瑞絲

期望的未來：

今天我們要出發去夏威夷了。葛瑞絲剛從大學畢業，這趟旅行是為了慶祝她的成就，這是我們最喜歡的地方。很高興她有一個優秀的男朋友，完全懂得我們的「葛瑞絲—媽媽時光」，也很支持我們單獨出門一週。他非常欣賞她獨立的性格。幾週後她就要開始實習了，所以這趟夏威夷度之旅會是完美的放鬆時光。我們會非常開心地浮潛、購物，還有在泳池邊放空閒聊。哦對了，當然還有不能錯過的健行！能夠一起做這些事情真是太棒了。

目標：

確保葛瑞絲知道她是我的第一，並享受我們共度的時光。

具體承諾：

1. 媽咪和葛瑞絲日：每個月安排一天，只有我們兩人一起做事。頻率：每月一次。
2. 守時：準時接送她，或是參加活動。頻率：有需要時。
3. 每日問候：問問她一天過得如何，一起完成閱讀日誌、檢查回家作業、練習小提琴。頻率：每天。

帳戶二：健康

期望的未來：

我們超級期待這次的夏威夷之旅！今天我們要去健行一整天，然後接著去游泳。幾乎快五十歲了，穿上泳衣還是相當好看，也還有精力健行、觀賞瀑布，感覺真不賴。看到傾瀉的瀑布、高聳的竹林和茂密的雨林，真是美不勝收，簡直是人間天堂！

目標：

保持身體健康，足以享受生活的一切，尤其是戶外活動，且能無論穿什麼都感覺自在良好。

具體承諾：

1. 體能訓練營：加入體能訓練營，運動一個小時。頻率：一週五天。
2. 體能活動：健行、游泳、騎單車，或是其他戶外運動。頻率：兩週一次。
3. 營養：吃更健康的天然食物，包括水果、蔬菜、瘦肉。保持自律並提前規畫。
   頻率：每天。

帳戶三：財務

目標：

定期存錢，建立儲蓄，也要實現短期目標。

具體承諾：

1. 存錢：將五百美元存進沒有在使用，或是不容易將錢領出來的帳戶。頻率：每個月。
2. 增加退休金：增加放入退休金帳戶的金額。頻率：每個月。
3. 減少支出：更謹慎地思考如何以及何時花錢（並在購物時列出清單）。頻率：每天。

帳戶四：家

目標：

更用心經營我的家，並享受在家的時光。

具體承諾：

1. 整理環境：洗碗並處理樓下堆積的雜物。頻率：兩天一次。
2. 打掃浴室和地板：洗浴缸、馬桶、洗手台和地板，還有吸地拖地。頻率：兩週一次。
3. 洗衣：洗一籃衣服，清洗、烘乾、收好。頻率：每天。

4. 清理車庫：收拾、捐贈不要的東西，並扔掉垃圾。頻率：每季一次。

帳戶五：朋友

目標：

深化現有的友誼，並結交新朋友。

具體承諾：

1. 聯繫：打電話、寄電子郵件，或在Facebook上和一到兩位朋友聯絡。頻率：每天。
2. 制定計畫：計畫和朋友共進午餐、晚餐或其他活動。頻率：兩週一次。
3. 隨機傳遞關心：送出一份貼心的小驚喜或關心。頻率：每個月。

帳戶六：玩樂

目標：

以成年人的方式享受生活，孩子有沒有同行都可以。

具體承諾：

1. 走出戶外：外出散個步或健行，至少二十到三十分鐘。頻率：每週。
2. 嘗試新事物：從事未做過的活動（例如：上課或當志工）。頻率：每季一次。
3. 開始讀書會：找幾位朋友一起組成讀書會。頻率：每個月。
4. 露營：開露營車去露營。頻率：每個月。
5. 見帳戶五的第二點。

史考特

結果

我希望被誰記住？

- 上帝
- 我太太，凱瑟琳
- 我們的孩子：馬克、賽斯和尼克（以及他們未來的伴侶和家庭）
- 我們的家人

- 我們的朋友
- 我的同事
- 業界同行和熟人

他們會記住我哪些事？

- 我的言行展現出耶穌基督是我個人的神，是我的救世主。
- 我對凱瑟琳的終生婚姻承諾。
- 我以「家庭第一」的承諾，還有對所有家人無條件的愛。
- 我充滿熱忱地發現並實踐上帝的計畫，過著一個有目標的生活。
- 我充滿熱忱地享受生活，並熱情與家人和朋友分享生活經歷。
- 透過禱告尋求上帝的旨意和計畫，我希望能為上帝的國度、我的家人、同事、朋友和業界夥伴帶來正面的影響。
- 滿懷愛心、關懷、善良、慷慨和樂於助人的態度。
- 是一個有信用、誠實樂觀的人。
- 凡事都努力追求卓越。

- 我以僕人式領導的心態做事（只要幫助足夠多的人，幫助他們達成目標，你就能實現生活中想要的一切」。
- 我相信每一次經歷，無論是好是壞，都是在為上帝安排我的獨特計畫做準備。
- 我每日禱告，請求神打開我們應該進入和探索的門，並關上我們應該避開的門。

▼行動計畫

帳戶一：上帝

期望的未來：

我想要更接近上帝，透過每日研讀聖經和禱告來達成這一點，並熱情地追求祂替我定的目標。我知道上帝給了我獨一無二的計畫，而我想要完成祂的所有期待，如此我的生活就有了永恆的意義和目的。我希望我的生命能為神的國度以及我的家人、朋友、同事和同儕帶來持久的正面價值。

目標：

我將會是基督徒的榜樣，過著有意義、有目標的生活，激勵我的家人和其他人善用上帝賦予的才能，在他們選擇的事業中追求卓越，同時為周圍的人帶來正面的改變。

具體承諾：

- 每日進行晨禱和安靜時光。
- 睡前研讀聖經或靈修。
- 每週參加一次小組聖經研讀。
- 定期上教堂。
- 每年兩天的個人反思時間，用來更新我的人生計畫（六月和十二月）。

帳戶二：凱瑟琳

期望的未來：

凱瑟琳是我最棒的朋友、旅伴和愛人。我們一起用歡樂的時光、冒險、緊密的家庭關係和真摯的友誼填滿回憶庫。我們必須繼續扮演好養育和指導孩子的重要角色。只要家人和朋友有需要，我們就會一起提供支持。

目標：

上帝選擇凱瑟琳作為我的人生伴侶，也選擇了我作為凱瑟琳的伴侶。我們兩人成為一體，擁有共同的目標和信念，建立密不可分的羈絆，為幸福和家庭的凝聚力打下了堅實的基礎。

具體承諾：

- 一起旅遊，享受離開家的全新體驗。
- 帶凱瑟琳出差、一起參加大師教練活動。
- 每天透過電話聯繫，關心凱瑟琳的一天過得如何。
- 每週至少一天，下午五點前到家。
- 偶爾和凱瑟琳在市區共進午餐或早餐。
- 每個月一起外出旅行、購物和觀光等等。
- 偶爾送送花、禮物、有趣的物品當作驚喜。

- 晚上安排約會、享受熱水澡或在在火爐旁聊天放鬆。

帳戶三：孩子

期望的未來：

我們的孩子及其家人朋友，會喜歡與我們共度時光，每次聚會後家庭關係都會變得更加牢固、愉快、親密。他們將從我們身上學習到，重要的基督教家庭價值和商業道德，並建立自己強大、穩定、充滿關懷的家庭。他們將藉由有意義、有目標的生活來榮耀上帝，為上帝的國度增添價值。

目標：

我有責任指導我們的孩子，教導他們基督教的價值觀。我祈禱我們的家族世代永遠崇拜耶穌基督，將之視為救主，並以祂作為人生的引導。這將是我們最偉大的傳承。

具體承諾：

- 每週多多聯繫孩子。

- 能隨時聆聽他們的需求和擔憂。
- 每月有一次個人的、一對一相處時間。
- 每月一次家庭聚會。
- 一起度過聖誕節和感恩節，無論在家裡或一同出遊。
- 無條件地愛護他們未來的伴侶及伴侶的家人，敞開心胸歡迎他們成為我們家庭的一份子。

帳戶四：其他家人

期望的未來：

我希望我的家人明白，無論是在精神、身體還是經濟上，我隨時都可以提供支持，幫助他們度過順境和逆境。

目標：

我的角色是保持聯繫、提供幫助，安排我們可以共享的活動，並擔任積極的導師，讓我的孩子們了解家庭的重要性。

具體承諾：

- 每週與媽媽通話數次，並經常探望她。
- 邀請其他家庭成員參與我們家的活動。
- 寄送便條或電子郵件給侄子姪女們，鼓勵他們把我當作可以傾訴與請教的對象。
- 邀請遠親一起參與活動。

帳戶五：摯友

期望的未來：

凱瑟琳和我會持續培養深厚的友情，如此便能和好友一同享受時光、和彼此的家人相互支持。

目標：

家庭之外的友情，對於享受和分享生活經驗來說很重要，也有益於發展家庭間的相互扶持網路。

具體承諾：

- 每週一次一起看電影和吃晚餐。
- 每季舉辦一次聚會，例如品酒、泳池、或SPA派對，或是「男士之夜」活動包括撲克牌、高爾夫、湖邊小屋之旅。
- 和朋友一起旅行。

帳戶六：健康與體能

期望的未來：

我會保持身體健康，且體重終生都維持在兩百二十五磅以下。我會是孩子的榜樣，鼓勵他們終生保持健康的生活方式。

目標：

為了實現我的人生計畫、夢想和目標，並享受與凱瑟琳、家人和朋友的時光，我必須保持健康。

具體承諾：

- 必須設定體重目標並持續監控。
- 每天進行有氧運動和重量訓練（每週最少四天，每次三十分鐘）。
- 每半年檢查一次牙齒。
- 每年檢查一次身體。
- 根據醫生建議做大腸鏡檢查。

帳戶七：財富保值與管理

期望的未來：

凱瑟琳和我會積累資產，提供每月稅前十萬美元的穩定投資收入，且不動用本金。

目標：

我們的投資收入，支撐凱瑟琳和我實現人生目標，包含家庭、朋友、商業策略、健康、休閒、旅行和慈善事業等所需的資金。

具體承諾：

- 準備包含詳細帳目的每月資產負債表。
- 採用穩健的投資原則。
- 將財產所有權轉移到家族合夥企業。
- 更新家庭財富策略和遺囑。

帳戶八：成功的生意

期望的未來：

將公司領導為一間講求誠信，且以家庭為核心、以基督信仰為根基的企業。利用上天賜予的才華追求願景，為員工、股東、客戶及提供服務的各方人士的生活帶來正面影響。

目標：

我的事業是實現我的人生計畫，並為他人生活帶來正面改變的工具和布道壇。

具體承諾：

- 支持、解釋、宣揚並實現我們的願景宣言。
- 和我們的團隊心連心。
- 持續尋找能為人們及客戶提高價值的方法。
- 提供有興趣的員工發展人生計畫。
- 撥給重要的員工公司的虛擬股票。
- 制定並發佈實際的企業目標。
- 要求區域經理及直屬主管對結果負責。
- 打造貸款產業中最受尊敬的銷售培訓和教練團隊。
- 發表一篇文章，或寫一本啟迪人心的書。
- 每年休兩天假，用來討論策略和目標（五月和十二月）。

帳戶九：娛樂和旅行

期望的未來：

凱瑟琳和我會有多采多姿的生活，和好友及家人一起安排各種活動，包括旅遊、高爾夫、打獵、釣魚、划船和滑雪。

目標：

享受人生，體驗上帝創造的地球之美。

具體承諾：

- 打造幾個供家庭娛樂和旅行的場所。
- 在一條清澈見底的河邊建造一座傳世之家，我的孩子和孫子們將永遠不想賣掉它。
- 經常與家人朋友出遊。
- 每年一次釣魚之旅。
- 每年一次打獵之旅。
- 每年一次高爾夫之旅。
- 完成旅行清單：

✧阿拉斯加（二〇一〇年和尼克一起去）

✧蘇格蘭、愛爾蘭（和孩子們）
✧義大利
✧聖地（和孩子們）
✧埃及和金字塔
✧南塔克特島
✧海洋島渡假飯店
✧南非
✧亨利．佛克釣魚度假村
✧紐西蘭
✧中國
✧峇厘島（海灣小屋）
✧加拿大溫哥華
✧喬治亞州奧爾巴尼（雪伍德浸信會）

• 口袋活動清單

✧在奧古斯塔國家高爾夫俱樂部打球
✧用飛蠅竿釣海鰱、北梭魚和鉅蓋魚
✧釣到孔雀鱸魚
✧釣到超過十磅的大口黑鱸
✧在蘇格蘭的聖安德魯老球場打高爾夫
✧看極光
✧獵到一頭超過一百七十吋的白尾鹿

帳戶十：慈善捐款

期望的未來：

凱瑟琳和我會好好管理，上帝賜予我們的金錢祝福。

目標：

繳十一奉獻，回饋給教會和社區。

具體承諾：

- 我的聖母峰目標：捐獻五百萬美元給慈善機構。

每月捐款給當地的基督教電台和其他基督教機構，金額相當於我們每月總收入的一〇%。

附錄

第2章

[1] Benjamin Franklin, *Autobiography of Benjamin Franklin*, ed. Frank Woodworth Pine (New York: Henry Holt and Co., 1922), chap. 9.

[2] SWOT：是一個廣為人知的分析工具，其名稱來自四個英文單字的縮寫：優勢（strengths）、劣勢（weakness）、機會（opportunities）、威脅（threats）。

第4章

[1] Psalm 90:12 NIV.

[2] 小型企業專家麥可・葛柏（Michael Gerber），在他的暢銷書《E神話再思》（*The E-Myth Revisited*）中，也推薦做一個類似的練習。*The E-Myth Revisited* (New York: HarperCollins, 1995), 129.

[3] Eugene O'Kelly, *Chasing Daylight* (New York: McGraw-Hill, 2007), 110ff.

第5章

[1] William J. Bennett and David Wilezol, *Is College Worth It?* (Nashville: Thomas Nelson, 2013). Chapter 3 analyzes the ROI on several different majors and dozens of schools.

第6章

[1] 關於幻想所帶來的問題：Christian Jarrett, "Why Positive Fantasies Make Your Dreams Less Likely to Come True," *BPS Research Digest*, May 25, 2011. Why envisioning works: Frank Niles, "How to Use Visualization to Achieve Your Goals," *Huffington Post*. 想知道當我們專注其他事情時，潛意識是如何運作並解決問題，可參考：Tom Stafford, "Your Subconscious Is Smarter Than You Might Think," BBC.com, February 18, 2015. See also Shlomit Friedman, "Priming Subconscious Goals," in *New Developments in Goal Setting and Task Performance*, eds. Edwin A. Locke and Gary P. Latham (New York: Routledge, 2013). 自信與實現目標之間的關聯，可參考：Gabriele Oettingen, "Regulating Goal Pursuit through Mental Contrasting with Implementation Intentions," in Lock and Latham, *New Developments in Goal Setting and Task Performance*.

[2] Contemporary adaptation is taken from Lawrence Pearsall Jacks, *Education through Recreation* (New York: Harper and Brothers, 1932), 1–2.

[3] Proverbs 2:2 NASB.

[4] Henry Cloud, *9 Things You Simply Must Do to Succeed in Love and Life* (Nashville: Thomas Nelson, 2004), 121–22.

第7章

[1] Proverbs 20:5 NASB.

[2] Steven Pressfield, *The War of Art* (New York: Warner Books, 2003).

第8章

[1] Lydia Saad, "The '40-Hour' Workweek Is Actually Longer—by Seven Hours," Gallup.com, August 29, 2014. Jennifer J. Deal, "Always On, Never Done?" Center for Creative Leadership, August 2013.

[2] William Ury, *The Power of a Positive No* (New York: Bantam, 2007), 16.

[3] 你可以在麥可撰寫的這篇文章中，找到更多實例："Using E-mail Templates to Say No with Grace" at http://michaelh yatt.com/say-no-with-grace.html.

第9章

[1] David Allen, *Getting Things Done* (New York: Penguin, 2001), 184–85.

[2] Ibid., 185–87.

[3] 想了解更多相關內容，請參閱麥可的文章："The Lost Art of Note Taking" at http://michael-hyatt.com/recovering-the-lost-art-of-note-taking.html.

一起來　0ZTK0059

逆向人生計畫

Living Forward

作　　　者　麥可・海亞特 Michael Hyatt
　　　　　　丹尼爾・哈克維 Daniel Harkavy
譯　　　者　蕭季瑄
主　　　編　林子揚
助 理 編 輯　鍾昀珊

總　編　輯　陳旭華 steve@bookrep.com.tw
出 版 單 位　一起來出版／遠足文化事業股份有限公司
發　　　行　遠足文化事業股份有限公司（讀書共和國出版集團）
　　　　　　231 新北市新店區民權路 108-2 號 9 樓
　　　　　　02-22181417
法 律 顧 問　華洋法律事務所　蘇文生律師

封 面 設 計　BERT DESIGN
內 頁 排 版　新鑫電腦排版工作室
印　　　製　通南彩色印刷股份有限公司
初 版 一 刷　2025 年 4 月
定　　　價　420 元
I　S　B　N　978-626-7577-33-2（平裝）
　　　　　　978-626-7577-31-8（EPUB）
　　　　　　978-626-7577-32-5（PDF）

國家圖書館出版品預行編目（CIP）資料

逆向人生計畫 / 麥可・海亞特（Michael Hyatt）, 丹尼爾・哈克維（Daniel Harkavy）著 ; 蕭季瑄 譯 . -- 初版 . -- 新北市 : 一起來出版 , 遠足文化事業股份有限公司 , 2025.04
　面 ; 14.8×21 公分
譯自：Living forward

ISBN 978-626-7577-33-2（平裝）

494.35　　　　114002358